黄花与气象

——大同服务实践

主　编：赵丽平
副主编：裴克莉　宫　燕　李腊平　张宇杰　施占军

气象出版社
China Meteorological Press

内 容 简 介

山西大同是中国黄花菜主产区之一，产品畅销国内外，如今，当地“小黄花”种植已成为农户脱贫致富的“大产业”，不仅是大同市农业支柱产业，更是乡亲们的“致富花”。本书主要阐述大同黄花种植概况，分析黄花生长发育、品质与气象条件的关系，对大同黄花气候品质进行评价与认证，分析大同黄花主产区高影响天气、大同黄花病虫害与农业气象灾害等内容，探讨开展直通式气象服务及灾害防御措施，进一步推动大同市黄花菜产业的迅速发展。

本书可供从事黄花气象服务及其他农业气象科技工作者参考，也可为黄花的管理及生产部门参考。

图书在版编目（CIP）数据

黄花与气象 ： 大同服务实践 / 赵丽平主编 ； 裴克莉等副主编. -- 北京 ： 气象出版社， 2023.6
ISBN 978-7-5029-8022-1

Ⅰ. ①黄… Ⅱ. ①赵… ②裴… Ⅲ. ①黄花菜－蔬菜园艺－关系－气候变化－研究－大同 Ⅳ. ①S644.3 ②P467

中国国家版本馆CIP数据核字(2023)第156707号

黄花与气象——大同服务实践
Huanghua yu Qixiang——Datong Fuwu Shijian

出版发行：气象出版社
地　　址：北京市海淀区中关村南大街 46 号　**邮政编码**：100081
电　　话：010-68407112(总编室)　010-68408042(发行部)
网　　址：http://www.qxcbs.com　**E-mail**：qxcbs@cma.gov.cn
责任编辑：黄海燕　**终　　审**：张　斌
责任校对：张硕杰　**责任技编**：赵相宁
封面设计：地大彩印设计中心
印　　刷：北京建宏印刷有限公司
开　　本：710 mm×1000 mm　1/16　**印　　张**：11.75
字　　数：255 千字
版　　次：2023 年 6 月第 1 版　**印　　次**：2023 年 6 月第 1 次印刷
定　　价：60.00 元

编　委　会

前　言

大同市位于山西省最北端、黄土高原东北边缘，地处晋、冀、蒙交界处，是闻名全国的"煤都"。境内地貌类型复杂多样，山地、丘陵、盆地、平川兼备，土石山区、丘陵区占总面积的 79%。大同栽种黄花始于北魏，至今已有 1600 多年，到明代已大量栽种，是山西种植黄花最早、栽培面积最大的地区。目前，大同市黄花种植面积已发展到 26.5 万亩①，占全国种植总面积的 1/4，其中所辖的云州区达 17 万亩。大同光照时间长，昼夜温差大，具有冷凉优势，适宜优质黄花生产，独特的地理、气候、土壤条件使得大同黄花菜条肥大、肉质厚嫩，营养价值高，久储不变色。明朝永乐年间大同黄花已作为重要出口商品，远销日本、马来西亚、新加坡、印度尼西亚、菲律宾等国，并享有极高荣誉。1975 年，大同县(现云州区)被确定为山西黄花生产基地县。

云州区是一个纯农业区，全区地形呈南北高、中间低走势，主要有采凉山系、六棱山系和东部火山群，平均海拔 1157 m，春旱多风、夏雨集中、秋短早霜、冬冷少雪。云州区把黄花产业作为"一县一业"的主导产业，采取"企业＋合作社＋农户"的模式，云州区种植面积从 2011 年的 2 万亩发展到如今的 17 万亩，形成 1 个 2 万亩、8 个万亩片区和 109 个黄花种植、加工专业村，产值 13.42 亿元。

全书共分六章。第 1 章主要介绍了中国黄花种植历史，大同黄花种植优势、品质优势、发展前景等；第 2 章重点阐述了气象条件对大同黄花的影响；第 3 章介绍了大同黄花气候品质评价及相关模型的建立；第 4 章对大同黄花主产区高影响天气进行了分析；第 5 章介绍了大同黄花病虫害与农业气象灾害；第 6 章介绍了直通式气象服务和精细化服务产品。

本书是 2021 年中国气象局公共气象服务中心创新基金面上项目"大同优质黄花品质特征及评估服务标准研究"(项目编号：M2021008)、2022 年山西省气象局重点项目"大同黄花品质特征及评估服务技术"(项目编号：SXKZDQH20226304)、2020 年山西省气象局"市有所专 业有所精"项目"大同黄花精细化气象服务系统研究及应用"、山西省地方标准《黄花种植气象服务规范》(DB14/T2642—2023)主要成果之一。

① 1 亩≈666.67 m^2，下同

研究成果为山西大同黄花精细化气象服务工作提供了技术支撑，为政府部门提供了科学指导和决策依据，有效提升了山西省气象部门服务山西特色农业的能力，进一步促进了山西大同黄花产业的高质量发展，同时对其他省、市黄花在气象领域的研究具有借鉴作用，应用前景良好。

本书在撰写过程中，甘肃省庆阳市农业科学研究院原副所长、高级农艺师颉敏昌（从事黄花科研工作近40年，是国内权威的黄花产业专家）对书稿给予了悉心指导，并对书稿进行了审读，提出了宝贵的修改意见。气象出版社编辑黄海燕为本书的编辑出版付出了辛勤的劳动，在此一并表示感谢。

由于作者水平有限，书中难免存在不当之处，敬请读者和同行专家批评指正。

编写组

2023年4月

目　录

第1章 大同黄花概况

1.1 黄花种植历史

1.1.1 我国黄花种植概况

黄花菜(简称“黄花”)起源于亚洲和欧洲的温带地区,学名萱草,又称金针菜、谖草、宜男花、安神菜,古名为忘忧草,为百合科萱草,属多年生宿根草本植物。

我国种植黄花历史长达两千多年,黄花产区遍及大江南北,东起台湾,西到新疆,北起黑龙江,南至海南岛。

传统黄花产区有甘肃庆阳、湖南祁东、山西大同、四川渠县、陕西大荔、河南淮阳以及台湾台东、花莲等。新型黄花产区有宁夏盐池、福建宁德、江西鹰潭、黑龙江尚志等。另外,浙江、江苏、安徽、湖北、内蒙古、北京、上海、河北、云南、贵州等省(区、市)都有种植。

全世界现有黄花种植面积约 92.19 万亩,其中,我国 90.54 万亩(含台湾地区 0.96 万亩),其他种植区分布在马来西亚 0.95 万亩、马达加斯加 0.7 万亩、日本 33 亩。各黄花产区因气候条件、生态环境、生产方式、生产历史、文化背景不同而具有各自独有的优势(颉敏昌,2019)。

1.1.1.1 庆阳黄花产区

地处西北黄土高原沟壑区的甘肃庆阳,海拔高,气候寒冷,干旱少雨,光照时间长,昼夜温差大,生育期长,黄花栽培食用历史已长达 2500 多年。现有种植面积 33.5 万亩,占全世界总种植面积的 38.15%,总产量占全世界总产量的 22.88%(颉敏昌,2019)。肉质脆嫩,味道鲜美,色泽金黄,久煮不烂。

1.1.1.2 淮阳黄花产区

淮阳黄花已有 2400 多年的生产历史,汉朝时期就已闻名全国,成为贡品。现有种植面积 5 万余亩,占全世界总种植面积的 5.69%,年产黄花干菜 1.1 万余吨,占全世界总产量的 13.31%(颉敏昌,2019)。开发了黄花速冻系列产品,年可加工鲜黄花 5 万 t。

1.1.1.3 大同黄花产区

大同黄花产区是以大同市云州区(原大同县)为中心的一个古老产区,已有 1600

多年的生产历史。大同光照时间长，昼夜温差大，具有冷凉优势，适宜优质黄花生产，独特的地理、气候、土壤条件使得大同黄花菜条肥大，肉质厚嫩，营养价值高，久储不变色（颉敏昌，2019）。

1.1.1.4 祁东黄花产区

祁东黄花产区已有500多年的生产历史，始于明弘治元年，清朝成为朝廷贡品。目前祁东黄花产区有13个乡镇，种植面积16.5万亩，占全世界总种植面积的18.79%，有40余万人从事黄花产业（颉敏昌，2019）。

1.1.1.5 大荔黄花产区

大荔黄花已有400多年的生产历史，大荔产区以大荔县苏村、官池、下寨、羌白等镇为中心，辐射30余个行政村，是全国黄花主产区之一。土质肥沃松软，排水性能好，有利于生产优质黄花。目前种植面积已达5万余亩，占全世界总种植面积的5.69%（颉敏昌，2019），形成苏村、官池两个万亩生产镇。

1.1.1.6 渠县黄花产区

渠县位于四川盆地东部，以丘陵地貌为主，已有300多年的黄花生产历史。据《渠县志》记载，清道光年间有几个乡镇已经盛产黄花。目前，渠县黄花种植面积达4万多亩，占全世界总种植面积的4.56%（颉敏昌，2019），分布于全县38个乡镇226个行政村，年产商品黄花干菜1.4万t。

1.1.1.7 台湾黄花产区

台湾有300多年的黄花生产历史。在台东、花莲、玉里一带海拔600 m以上地区均有种植，有自己独特的栽培模式。种植面积逾9600亩，占全世界种植总面积的1.08%（颉敏昌，2019），分为黄花生产和旅游观光两种。用于旅游观赏的黄花，当地政府对种植户给予补贴。

1.1.2 大同黄花种植概况

大同种植黄花始于北魏，至今已有1600多年，到明代已大量种植，是山西种植黄花最早、面积最大的地区。目前，大同黄花种植面积已发展到26.5万亩，占全国总种植面积的1/4，其中所辖的云州区达17万亩（王丑龙 等，2022）。

明朝永乐年间大同黄花已作为重要出口商品远销日本、马来西亚、新加坡、印度尼西亚、菲律宾等国，并享有极高荣誉。1975年，云州区被确定为山西黄花生产基地县。

云州区是一个纯农业区，全区地形呈南北高、中间低走势，主要有采凉山系、六棱山系和东部火山群，平均海拔1157 m。境内沟壑纵横、丘陵广布，丘陵区占全区国土总面积的70%，春旱多风、夏雨集中、秋短早霜、冬冷少雪。云州区把黄花产业作为“一县一业”的主导产业，采取“企业＋合作社＋农户”的模式，云州区种植面积从

2011 年的 2 万亩发展到如今的 17 万亩，形成 1 个 2 万亩、8 个万亩片区和 109 个黄花种植、加工专业村，产值 13.42 亿元。特别是近两年，先后引进培育黄花龙头企业 17 家，并在广大农村普遍形成了以“企业＋合作社＋农户”的模式，创办了 51 家优势集体合作社，通过实施流转土地、让当地农民参与田间管理和采摘加工、为入社农民兑现收益分红，带动全区农民人均增收 5000 多元。

1.2　大同黄花种植优势

大同市云州区年平均气温 6.7 ℃，具有冷凉优势，适宜黄花生产，与邻近的河北、山东、北京、天津等省（市）存在着明显的气候差异，是这些地区蔬菜生产的良好补充地。

云州区年平均降水 400 mm 左右，而且 70%的降水集中在 6—9 月，以雷雨多见，阴雨天气少，阳光充足，年日照时数 3000 h 左右，太阳总辐射年平均 5630～6135 MJ/m^2，是全国光能资源最丰富的地区之一，有利于作物光合作用和碳水化合物的积累，是生产高品质农产品的优势产区。

昼夜温差变化较大，平均日较差 12.6～14.4 ℃，适宜黄花、水果、瓜类糖分积累，耐贮存、品质好，营养极其丰富。气候干燥，阳光充足，是种植黄花的黄金地带。大同盆地，土层深厚、松散，有利于黄花肉质根的发育，积温和光照适合黄花生长，种植黄花得天独厚。

1.2.1　地理概况

大同市位于山西省最北端，黄土高原东北边缘，地处晋、冀、蒙交界处，是闻名全国的“煤都”。北以外长城为界，与内蒙古自治区丰镇、凉城县毗邻，东与河北省阳原、涞源、蔚县相接，西南和南与山西省朔州、忻州相连，其地理坐标为（112°34′—114°33′E，39°03′—40°44′N）（李明悦，2005），占地总面积约 14112.56 km^2，境内地貌类型复杂多样，山地、丘陵、盆地、平川兼备，土石山区、丘陵区占总面积的 79%（秦雅娟 等，2021a）。西北部山脉属阴山山脉和吕梁山脉，主要有双山、二郎山、云门山、采凉山等，东南部山脉属太行山脉，主要有横山、太白山、六棱山等。全市海拔高度通常在 1000～1500 m，最高处为阳高县境内六棱山黄羊尖（海拔 2420 m），最低处为灵丘县境内花塔村冉河出口处（海拔 558 m）。桑干河自西南向东北横贯全市，形成了周围高、中间低、两山夹一川的槽型盆地。除桑干河外，境内主要河流还有属海河水系的御河、南洋河、壶流河、唐河和属黄河水系的苍头河。

大同市下辖 4 区 6 县，如图 1.1 所示，4 区分别为新荣区、平城区、云冈区、云州区，6 县分别为阳高县、天镇县、左云县、浑源县、广灵县、灵丘县。

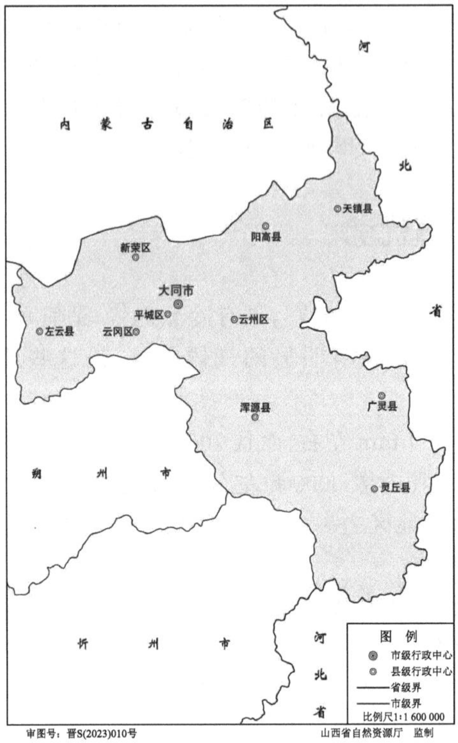

图 1.1 大同市行政区划

1.2.2 大同市气候特点

大同地处温带大陆性季风气候区，受季风影响，四季分明(李效珍，2021)。

春季气温回升很快，平均气温在 6.5～9.1 ℃，总是乍暖还寒。多大风，降水较少，平均降水量仅为 56.1 mm，占年降水量的 14.6%。

夏季气候温和，平均气温在 19～21.8 ℃，雨水集中，平均降水量为 246.9 mm，占年降水量的 64.3%。

秋季气温逐渐下降，平均气温在 5.8～8.4 ℃，平均降水量为 72.96 mm，占年降水量的 19%。

冬季长达 4 个多月，盛行西北风，日短天寒。平均气温在 −12.8～−6.3 ℃，最冷月为 1 月，平均气温为 −11.3 ℃。平均降水量为 8.06 mm，占年降水量的 2.1%。

全市年平均气温为 7.0 ℃，各县区平均气温为 5.8(左云)～7.7 ℃(灵丘)，各月气温起伏较大，如图 1.2a 所示，7 月平均气温最高(22.0 ℃)，1 月最低(−10.8 ℃)；年极端最低气温为 −37.4 ℃(天镇，2010-01-05)，年极端最高气温为 41.5 ℃(灵丘，2010-07-29)。

全市年平均降水量为 388.8 mm(各县区降水量为 369.5～413.3 mm),降水最少的年份是 1993 年(271.4 mm),降水最多的年份是 1995 年(592.6 mm)。7 月降水最多(96.7 mm),1 月最少(1.9 mm)(图 1.2b)。全年降水大于 0.1 mm 平均降雨日数为 73.7 d,大于 10 mm 平均降雨日数为 11.8 d。

全市平均年大风日数为 16.9 d,年日照时数为 2711 h;初霜日为 9 月 25 日,终霜日为 5 月 13 日,无霜期为 134 d。雨热同季,光热水集中于作物生长期。

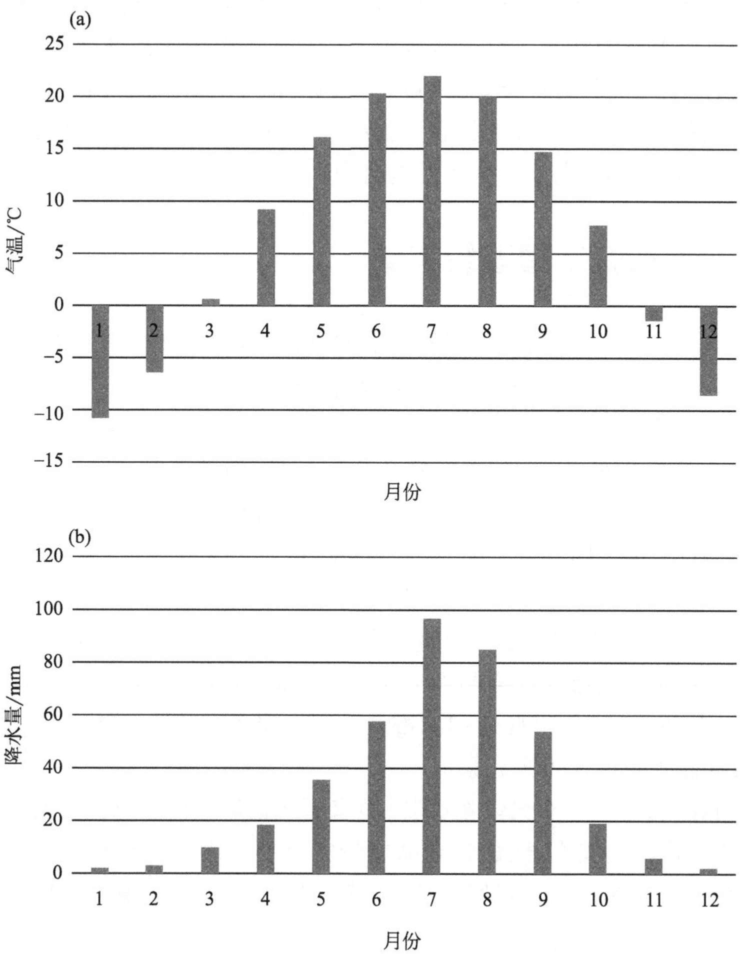

图 1.2　大同市各月平均气温(a)和平均降水量(b)

1.2.3　品质优势

1.2.3.1　国内黄花品质比较

高志慧(2019)对四川渠县,山西云州区,湖南邵东县、祁东县和甘肃庆阳县五个地区黄花营养成分进行比较，发现山西云州区黄花的可溶性蛋白质含量、纤维素含量最高。

1.2.3.2 省内黄花品质比较

赵瑛瑛(2019)选取山西洪洞县、常安乡、文水县、云州区、大仁庄乡五个产地的黄花营养成分进行比较，发现云州区的可溶性蛋白含量、总糖、总黄酮、游离氨基酸均优于其他四个产地，其营养成分最佳。

大同云州区不仅是中外驰名的“黄花之乡”，还有华北地区保存最完整、分布面积最广的火山群。其独特的火山熔岩地质结构，形成了特殊的富硒土壤和自然气候条件，孕育出大同黄花的特有品质，其蛋白质、脂肪、碳水化合物，特别是钙、磷、铁、胡萝卜素、硫胺素、烟酸等多种营养成分含量很高，居各种蔬菜之首，具有降血压、降血脂、降血糖等药用保健功效，备受广大消费者喜爱。

1.3 大同黄花获得国家级荣誉

大同黄花是全国绿色食品、有机食品和地理标志产品，多次获得国家优势名牌产品、国家著名品牌产品、国家畅销产品、国家信得过产品证书。

在第八、九、十一届中国国际农产品交易会和第一、二、三届中国(山西)特色农产品交易博览会获得金奖，获山西特色农产品第一、二届北京展销周金奖。2002 年国家食品工业协会授予“全国质量信得过产品”、国家保健教育协会授予“全民健康消费诚信产品”。2003 年中国绿色食品发展中心颁发“绿色食品证书”。2007 年中国质量监督检验协会授子“中国优质名牌产品”。2008 年中国国际名牌发展协会、中国品牌企业联合会授予“中国著名品牌”，香港国际农业产品博览会授予“金奖”(韩志平 等，2020)。2022 年大同黄花入选全国农业生产“三品一标”典型案例，“三品一标”即农业品种优化、品质提升、品牌打造和标准化生产。此次“三品一标”荣获者全国共有 40 家，山西省仅大同市云州区一家。

“大同黄花”获得了 8 个国家级品牌：国家原产地保护标志、黄花种植和加工标准化示范区、农产品质量安全县、出口食品质量安全示范区、全国绿色食品原材料标准化生产示范基地、农副产品百强区域品牌、特色农产品优势区、县域品牌农业示范县。

1.4 大同黄花发展前景

云州区作为大同黄花的主产地，基本实现了乡镇全覆盖、村庄无空白的全区共抓、全民共创黄花大产业的良性发展局面。倾力农田水利建设，基本做到了黄花地“地肥”与“水美”并重、“推广”与“保障”同步。

大力发展特优农业。加快云州区黄花高标准农田示范项目建设，加快开发黄花保健品等拳头产品，建设全国一流的黄花产业集群，力争全产业链产值达到 50 亿元；实施农业“特”“优”战略，带动 13.2 万人增收致富，“大同黄花品牌协同发展”案例入选全国 50 个农业品牌创新发展典型案例。到 2025 年，黄花种植基地稳中有增，产业集群全面建成，力争全产业链年总产值达到 100 亿元，成为大产业，“大同黄花”成为全国知名品牌，成为大同市巩固拓展脱贫攻坚成果，成为引领示范乡村产业振兴的主导产业、强农富民产业。

1.4.1 政策支撑

为全面促进黄花产业做优、做强，大同市组织人力深入调研，群策群力，分析研判，得出了“大同黄花”发展潜力巨大、附加值高、市场空间广阔、最具前景的结论，从而把黄花作为推进农业供给侧结构性改革的首选，确定为产业扶贫的主导产业。

1.4.2 高校合作

与山西农业大学共同组建大同黄花产业发展研究院，并依托其技术优势、人才优势，制定了国家级黄花菜种质资源圃建设可行性研究报告，完成了“大同黄花”全基因组测序，建立了黄花菜全基因组数据库，编制完成了《大同市黄花菜产业发展规划》和《大同市黄花菜（萱草）文化与科技发展规划》，开展了黄花标准化种植技术和有机植保绿色防控技术研究，试制出悬挂式黄花菜辅助采收机，并立项 6 个，取得阶段性成果 14 项，研发出 3 个黄花菜专用肥配方及清水黄花罐头和黄花茶两个新品种。

1.4.3 农文旅融合

在全市范围内挖掘黄花各种功能，开发休闲观光、体验品尝等活动，促进农业、文化、旅游融合，带动乡村休闲旅游发展。

1.4.4 大同黄花品牌创建

全方位打造“大同黄花”区域公用品牌，举办了“大同好粮”农民丰收节、大同好粮（黄花）美食擂台赛等活动，在机场、高铁站、旅游景点等开设专柜，精心组织产品参加全国、全省中国国际农产品交易会，并增补黄花为大同市花，发布了“大同黄花”全国百强农产品区域公用品牌新形象，成功申报了大同黄花省级区域公用品牌。

1.4.5 多渠道宣传

先后参与央视“秦晋之好”“星光行动 · 大同好粮助农专场”，央视电影频道“大同黄花晋京城”“大同黄花进北京，鲜花献奥运”，以及京东“京源助农”等多场大型直播活动，有效提升了“大同黄花”等农产品品牌知名度和影响力，拉动全市农特产品更好走向全国市场。

“小黄花”已成为全市农民脱贫致富的大产业，也是大同主导产业之一。在建设全国优质黄花种植基地、标准化示范区和产品集散中心区的基础上，融合火山森林公园、田园综合体，打造集种植、加工、科研、产业于一体的大同现代农业经济技术开发区，形成强组织、新产业、新农村、新农民“一强三新”的美丽乡村，实现一二三产联动发展和城乡融合发展的态势，为乡村振兴奠定坚实基础。

第2章　气象条件对大同黄花的影响

2.1　大同黄花的特征

2.1.1　植物学特征

黄花菜属于多年生草本植物，一般生长空间在30～60 cm，簇生根。植株一般较高大，根近肉质，中下部常有纺锤状膨大。叶7～20枚，长50～130 cm，宽6～25 mm。花葶长短不一，一般稍长于叶，基部呈三棱形，上部多呈圆柱形，有分枝；苞片呈披针形，下面的长，可达3～10 cm，自下向上渐短，宽3～6 mm，花梗较短，通常长不到1 cm，花多朵，最多可超过100朵，花被淡黄色，有时在花蕾顶端带黑紫色，花被管长3～5 cm，花被裂片长6～12 cm，内三片宽2～3 cm。蒴果钝三棱状椭圆形，长3～5 cm。种子有20多个，黑色，有棱，从开花到种子成熟需40～60 d。花果期为5—9月。黄花均用无性的分兜繁殖，分兜定植五年后进入盛产期，一般可采花20～30 a，最高的60 a仍在开花。每年发出4～6条近肉质的根，一层层向上生长(可以依此判新年龄)，在秋季或营养不良时则发出纺锤形的肉质块根(陈真 等，2021)。

2.1.1.1　根

黄花菜根系发达。根从短缩茎的节上发生，有肉质根和纤维根两类。肉质根又可分为长条形和块状形两种。长条肉质根是组成根系的主体，它既是同化物质的贮存器官，又是养分和水的输导器官，常在春季产生，且随着短缩茎逐年向上发展，发根部位也逐年提高；块状肉质根短而肥大，主要作为贮藏器官，常在植株衰老时发生；纤维根是从肉质根上长出来的侧根，分杈多而细长，分布在长条肉质根上和块状肉质根的顶端，一般在苗期大量发生，增强吸收能力。

2.1.1.2　茎

茎分为地上花葶(假茎)和地下根茎两部分，叶着生在短缩茎上，密集成丛，好像自根长出。地上花葶长80～130 cm，上端有4～6个分枝，分枝长9～15 cm，每个花葶上有15～60朵花蕾。短缩茎下面长根，且每年自新生短缩茎上生根，层层往上发育，从新生根的层数可判断黄花菜的栽培年限。

2.1.1.3　叶

黄花菜的叶丛生，排列于两侧，条形或剑形、基出，每株10～20片。叶脉平行，叶子背面呈龙骨状突起，半对折，横切面呈 V 字形，宽 2～3 cm，长 20～100 cm。

2.1.1.4 花

花薹由叶丛中抽出，顶端生花序。花蕾长 13～15 cm，其筒部长 3～5 cm；花被 2 轮 6 片，外 3 片窄而厚，绿黄色或带褐尖，内 3 片宽而薄，淡黄色，子房 3 室，具雄蕊 6 枚，三强三弱；花蕊随品种不同有黄色、褐色或紫色，复雌蕊一枚，雌蕊一枚，且长于雄蕊。三心皮、上位花、中抽胎座，胚珠倒生，常异花授粉（黄凤耀，2007）。

2.1.1.5 果实

开花后一般不结实，极少结果。果实为蒴果，长圆形并有棱，长 1.5～2.0 cm，直径 1 cm 左右，果实三心室，每室有 3～6 粒种子，每一果实内含种子 10～20 粒（黄凤耀，2007）。

2.1.1.6 种子

成熟后的种子为黑色，且有光泽，呈不规则菱形，光滑。干燥后有褶皱，凹凸不平。千粒重 20 g 左右。

2.1.2 生物学特征

黄花菜适应性强，对土质没有严格的要求，但耐霜能力较弱。一年中生长发育可分为春苗生长期、抽薹现蕾期、开花期（采摘期）、冬苗生长期和休眠期，其中春苗生长期、抽薹现蕾期、开花期（采摘期）为关键生育期。

2.1.2.1 春苗生长期

幼苗期，指幼苗出土到花蕾显露的阶段。每年春季 3—4 月返青发芽长出的苗称春苗，其是黄花菜营养生长的盛期，它生长的好坏直接关系到当年的产量，此期应早追肥、中耕、灌水，促进早发旺长，为增加当年产量打好基础（黄凤耀，2007）。

2.1.2.2 抽薹现蕾期

抽薹期，指花葶露出心叶到开始采摘花蕾的阶段。花葶通常于 5—6 月开始抽生，从抽生开始出现到花葶开花约需 25 d，每个花葶尖端不断地分化小花蕾，最高可达 58 个以上。此期对水分很敏感，缺水时则抽薹延迟，花葶少而细，有的不抽薹，花蕾少，并大量脱落（黄凤耀，2007）。

2.1.2.3 开花采摘期

从开始采摘花蕾到全部采收完毕的阶段称为开花采摘期，此期需要的时间依不同品种和管理情况而有不同，一般为 30～60 d，对采收时期要严格掌握，做到适时采收，最好是在花蕾裂嘴前 2 h 左右进行采收，此时采收产量高、品质好（黄凤耀，2007）。

2.1.2.4 冬苗生长期

花蕾采收完毕至植株地上部分枯死的阶段称为冬苗生长期。冬苗，指自春苗抽出花葶后，花葶下部的腋芽陆续萌发生长的苗子。冬苗生长的好坏直接影响到来年的产量（黄凤耀，2007）。

2.1.2.5　休眠期

霜降后植株的地上部分枯死，即进入休眠期。此期为保护幼芽应采取根部培土，防止短缩茎露出地表，同时做好冬灌（黄凤耀，2007）。

2.2　大同黄花的品质

大同黄花作为山西省名特产之一，栽培历史悠久，干制品金黄色，蕾长肉厚，味道清香，脆嫩可口，品质极佳。主要优点：一是颜色鲜黄，干净无霉，色泽金光灿烂，绝少黑斑霉货；二是角长肉厚，线条粗壮，肥硕整齐；三是油性大，脆嫩清口，久煮不烂；四是气味芬芳，口感甜，总糖含量≥40%。

因此，大同黄花为素食上品，受外商欢迎，成为山西省外贸骨干商品之一。

2.2.1　大同黄花的外观品质

黄花菜是花卉园艺方面的珍品，黄花菜因其叶似兰草，翠绿丛生，花如蛱蝶，红黄点点，摇风曳影，风韵可人，是布置庭院、树丛中的草地或花境等地的好材料；又因品种繁多，四季有花，黄花菜春季萌发早，绿叶丛生极为美观，花色鲜艳美丽，夏季，不仅可以观赏艳丽多姿的黄花菜花朵，而其优美的叶丛，自春至深秋始终保持鲜绿，均具有绿色观赏的效果。古人一直将它作为庭院观赏植物，曾为它留下不少赞美的诗歌。

黄花清雅孤秀，逗人喜爱，今日美国及国内园林、家庭庭园，仍将黄花作为点缀花草观赏。除观赏价值外，黄花老叶不但可作优质饲料加以利用，还可拧绳、造纸及编织草席、提篮、草帽等各种工艺用品；黄花菜是多年生草本植物，根系比较发达，可拦淤固土，对保护水土有着良好的作用。

2.2.2　大同黄花的食用品质

黄花菜营养丰富，食用价值高，为佐餐佳品。其蛋白质、脂肪、碳水化合物，特别是钙、磷、铁、胡萝卜素、硫胺素、烟酸等多种人体必需的营养成分含量很高。

黄花菜干鲜、荤素皆宜，炒、炸、烧、炖汤均可，色、香、味俱佳，是蔬菜中的佳品。黄花菜的蛋白质含量高于木耳和香菇，且经深加工后具有色泽金黄、光彩夺目的外观品质，是国内外消费者十分喜爱的食品。

近年来，我国开发了黄花菜的系列加工产品，如金针酒、金针脯、金针饮料、蜜饯金针、酱黄花罐头、黄花猪脚罐头等，使黄花菜的食用方法更为广泛。但鲜黄花菜中含有多种化合物的共流出组分，使得鲜黄花菜的毒性较大，会引起恶心呕吐、腹泻、头痛、口渴、四肢酸痛，还可引起白细胞减少。所以，若要食用黄花菜，最好选择干黄花菜，若确实想吃鲜黄花菜，则需用开水焯一下，炒熟后方可食用。

2.2.3 大同黄花的药用品质

黄花干菜是上等的保健食品，黄花菜被日本科学家列为八种健脑食品中的首佳，称它为“健脑菜”，在民间人们将黄花菜称为“干菜之王”。黄花菜含铁量是菠菜的20倍之多，对补血止血有奇效，特别对妇女可作为补血佳品。因其含有丰富的钾，故能清湿热利小便。由于黄花菜含有丰富的钾，镇定安神作用甚强。自古即为治疗神经衰弱的药方，因此称黄花菜为“忘忧草”。

黄花菜含有γ-羟基谷氨酸、琥珀酸、β-谷甾醇、天门冬素、秋水仙碱、海藻糖酶等成分，黄花菜的药用价值很高，其花、茎、叶和根均可入药。黄花菜的花有健胃、通乳、补血的功效，哺乳期妇女乳汁分泌不足者食之，可起到通乳下奶的作用；根有利尿、消肿的功效，可用于治疗浮肿，小便不利；叶有安神的作用，能治疗神经衰弱，心烦不眠，体虚浮肿等症。习惯上各种黄花的根入药，食用黄花的花蕾。

中国医学认为，黄花菜性味甘、凉，具有很好的利水凉血、安神明目、健脑、抗衰老功能，并能显著降低血清胆固醇含量，所以对脑力劳动者及高血压患者有好的保健作用。黄花还含有丰富的卵磷脂，正处于生长发育阶段的青少年及孕妇、产妇、病患者常食用，对健身益智十分有益；女性如果经常吃黄花菜，还可以起到保护皮肤的作用。黄花菜中的有益物质能够滋润皮肤、提升皮肤的韧性和弹性，保护皮肤的组织细胞，并加速皮层下毛细血管的血液循环速度，从而抵御内外各种不良因素对皮肤的刺激侵蚀，使皮肤柔嫩饱满、滑润柔软。

2.3 大同黄花对环境条件的要求

2.3.1 气温

黄花菜生长过程中适宜温度为15～30 ℃，根芽具有很强的分生组织，一年当中均可发芽。春季3—4月气温达到10 ℃以上时，幼苗便出土生长，这一阶段也是黄花菜营养生长的重要时期，对黄花菜产量影响较大。因此，春季应及时松土、追肥并合理浇水，保证幼苗快速生长。叶丛在14～20 ℃温度条件下生长良好，抽薹开花一般在5—6月，此时最适宜的温度为20～25 ℃（朱杰，2021）。

2.3.2 降水

黄花菜是一种喜水作物，根系发达，地上部分叶子狭长，角质层厚，因此，耐旱力强，在抽薹前对水分要求不高，一旦抽薹，就进入了大量需水的临界期（秦雅娟 等，2021b），此刻要保持土壤湿润，到了开花期，需水最多，尤其是盛花期，一定要保证黄花水分的供给。若此时干旱缺水，容易使幼蕾变黄，进而脱落，甚至导致叶片枯黄，若供水充足，花蕾多、发育快、花蕾大而肥，开放的时间也会提前，产量也高。一般来说，6—7 月持续 10 d 以上出现日降水量≤10.0 mm 或累计降水量≤20.0 mm，并伴有高温天气时，就应考虑浇灌增墒（李海凤 等，2016）。但 7—8 月如果持续降水，土壤含水量接近饱和，则容易造成花蕾脱落，暴雨常造成其大量落蕾。所以土壤湿度要控制，天气干旱时要及时浇水，湿度过大时要及时排水。黄花菜在土壤积水的情况下会生长不良，当地表土层以下 30 cm 达到 100% 的湿度时，会严重影响根系生长。

2.3.3 日照

黄花菜在光照方面有着很高的要求，需要保证黄花菜生长过程中光照充足，盛花期阳光充足有利于光合作用和碳水化合物的积累，花蕾多而肥大（李进 等，2019）。黄花采摘时，一般正值气温最高的季节，黄花非常害怕强光，因为被强光照射，水分蒸发快，会褪色，萎蔫。一旦失去鲜艳的色彩，会影响黄花的美感，黄花菜一旦萎蔫，鲜食价值会急剧下降。

2.4 大同黄花主产区概况

2.4.1 云州区区位优势

云州区是大同黄花的主产区，位于大同市东郊，距市区 20 km，国土面积 1478 km^2，耕地 73 万亩，人口 15.1 万，辖 9 个乡镇（西坪镇、倍加造镇、周士庄镇、吉家庄乡、峰峪乡、杜庄乡、党留庄乡、聚乐乡、许堡乡）、1 个社区服务中心、12 个社区、128 个行政村。区境东西相距约 45 km，南北相隔约 60 km。云州区紧邻大同市区，是市区东部门户，区位优越，交通发达，与北京、太原、呼和浩特、张家口等城市实现 2 h 高铁互通，是连接大同市与京津冀地区的全国性综合交通枢纽，是沟通华北、西北、东北和三晋腹地联系的重要交通节点，得大、天黎、孙右 3 条高速公路以及 208 国道、109 国道、S301 省道、S302 省道、S203 省道、S339 省道和京包线、大秦线、大准线、大张高速铁路穿境而过。区内湖东编组站是素有“能源大动脉”之誉的大秦铁路的重要枢纽，也是全国第一座电气化重载列车大型编组站。此外，山西省第二大民用机场——大同云冈国际机场位于倍加造镇。公路、铁路、航空形成的立体交通体系，使得对外拓展和物贸交流十分便利。

2.4.2 云州区特色资源

云州区是燕山—太行山集中连片特困地区扶贫开发县，2018 年脱贫“摘帽”，有“中国黄花之乡、国家火山公园、生态休闲胜地”的美誉。云州区人文历史悠久，李汪涧遗址是现代人类起源的重要节点，杜庄土林有 3 万年前在大同湖边生活的营地，

4000 年前的吉家庄遗址被认为是大同桑干河流域重要的文化遗存。于公元前 3 世纪战国年代建成，唐朝贞观年间置定襄城，后改为云中县、云州。辽重熙十三年（1044 年）划出大同县。2018 年 5 月正式撤县设区。

云州区物产资源丰富，农作物有玉米、谷黍、马铃薯等，特色农产品有小明绿豆、哈密杏、槟果。尤其大同黄花有 1600 年种植史，成为“一县一业”的主导产业，获得 8 个国家级品牌。云州区境内有 12 种金属矿产，其中玄武岩、火山岩、石灰岩、花岗岩、白云岩探明储量分别为 69 亿 m^3、5.5 亿 m^3、3000 万 m^3、311 万 m^3 和 82 万 t，还有煤、石英、长石、矿泉水、砖瓦黏土、砂、铁。主要工业品为活性炭、连续纤维复合材料等。

云州区属温带大陆性季风气候，平均海拔 1157 m，年均降水量 391.5 mm。桑干河流经境内 58 km，形成 16 座水库、6 万亩湿地，册田水库是全省第二大水库，是首都水资源可持续利用项目县（区）。生态环境优美，全区林地 89.3 万亩，森林覆盖率 34.8%，形成了绵延百里的绿色林海，是全国防沙治沙先进县、绿化模范县，列入国家生态保护与建设示范区、全国首家国际健康养生基地、中国百佳深呼吸小城、深呼吸小城十佳示范城市。

云州区旅游景点众多，火山群国家地质公园是世界上独一无二的黄土高原火山群，桑干河国家湿地公园景色优美，南山睡佛和汉“白登之战”遗址、清帝师李殿林旧居、吕家大院、慈禧西逃驻地和聚乐、许堡古堡等自然人文景观极具开发价值，亚洲最大的湖东铁路编组站位于境内，是“国家全域旅游示范区”。近年来，云州立足“山水林田湖草综合发展区”的定位，把握脱贫攻坚的政策机遇，经济社会和党建各项事业取得长足进步。

2.5 大同黄花主产区气候条件

2.5.1 气温

气温是标识空气冷热程度的物理量，地面气象观测中测定的是百叶箱等防辐射装置内距地面 1.5 m 高度的空气温度。最高/最低气温是指给定时段内气温的最高/最低值；极端最高/最低气温是指一段时间内达到的最高/最低温度。

2.5.1.1 气温年际变化

（1）平均气温

图 2.1 为云州区 1991—2020 年平均气温年际变化，表 2.1 为云州区气温统计（平均气温、平均最高气温、平均最低气温），云州区累年平均气温为 7.1 ℃，逐年平均气温在 6.0 ℃（2012 年）～8.3 ℃（1998 年），年平均气温最高值较逐年平均气温高 1.2 ℃；年平均气温最低值较逐年平均气温低 1.1 ℃。

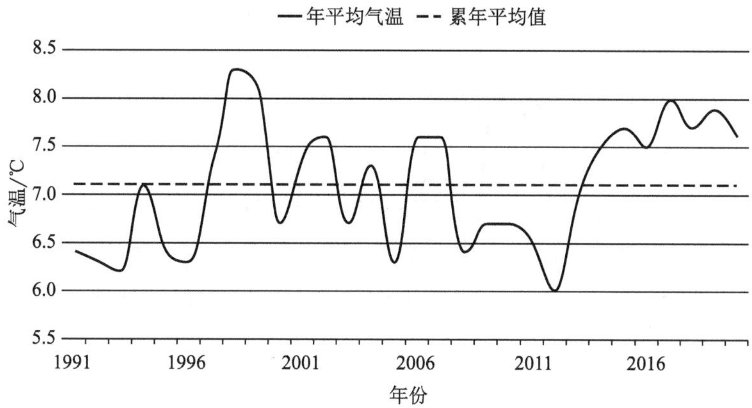

图 2.1　云州区 1991—2020 年平均气温年际变化

表 2.1　云州区 1991—2020 年平均气温　　单位：℃

年份	平均气温	平均最高气温	平均最低气温	年份	平均气温	平均最高气温	平均最低气温
1991	6.4	14.0	−0.5	2006	7.6	15.6	0.4
1992	6.3	14.0	−0.4	2007	7.6	15.7	0.5
1993	6.2	14.1	−1.0	2008	6.4	14.5	−0.9
1994	7.1	15.1	−0.2	2009	6.7	14.7	−0.7
1995	6.4	14.3	−0.9	2010	6.7	14.2	0.3
1996	6.3	14.1	−0.7	2011	6.5	14.1	−0.5
1997	7.3	15.5	−0.1	2012	6.0	13.7	−0.9
1998	8.3	15.9	1.5	2013	7.0	15.2	0.0
1999	8.1	15.9	1.1	2014	7.5	15.5	0.5
2000	6.7	14.5	−0.3	2015	7.7	15.1	0.8
2001	7.4	15.2	0.3	2016	7.5	15.3	0.5
2002	7.6	15.2	0.4	2017	8.0	16.0	0.5
2003	6.7	13.7	−0.2	2018	7.7	15.5	0.7
2004	7.3	14.8	0.3	2019	7.9	16.0	0.5
2005	6.3	14.4	−0.9	2020	7.6	15.6	0.6

图 2.2 为云州区 1991—2020 年平均最高气温年际变化，云州区累年平均最高气温为 14.9 ℃，其中 2017 年和 2019 年平均最高气温达 16.0 ℃，为近 30 a 最高，2003 年和 2012 年均为 13.7 ℃，为近 30 a 最低。

图 2.3 为云州区 1991—2020 年平均最低气温年际变化，云州区累年平均最低气温为 0.0 ℃，1998 年平均最低气温为 1.5 ℃，为近 30 a 最高，1993 年平均最低气温为−1.0 ℃，为近 30 a 最低。

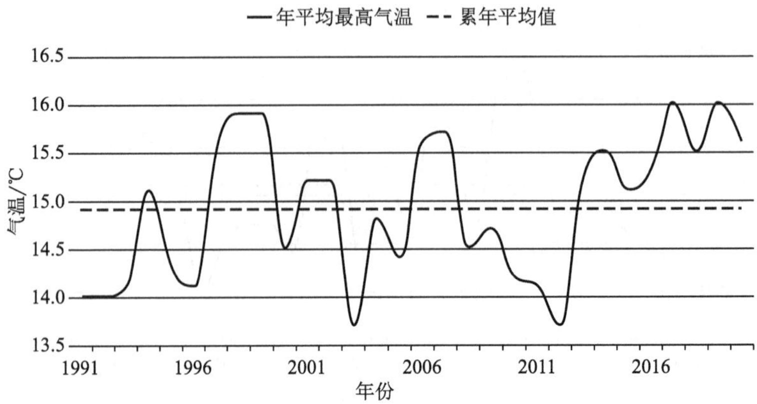

图 2.2　云州区 1991—2020 年平均最高气温年际变化

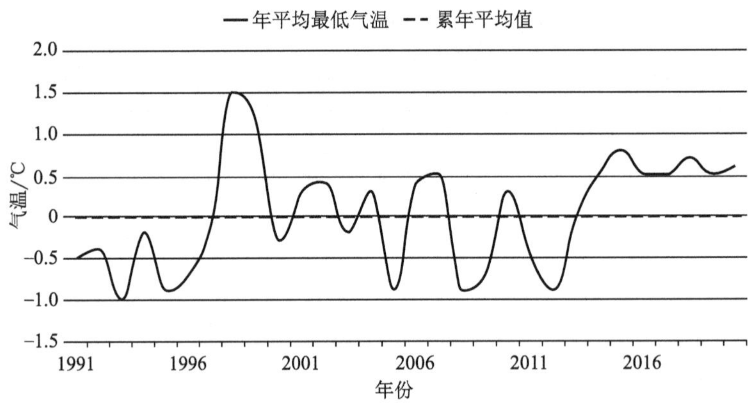

图 2.3　云州区 1991—2020 年平均最低气温年际变化

(2)极端气温

图 2.4 为云州区 1991—2020 年极端最高气温年际变化，表 2.2 为云州区极端气温统计，由图表可知，云州区年极端最高气温在 32.6 ℃(2013 年)～39.9 ℃(2010 年)。

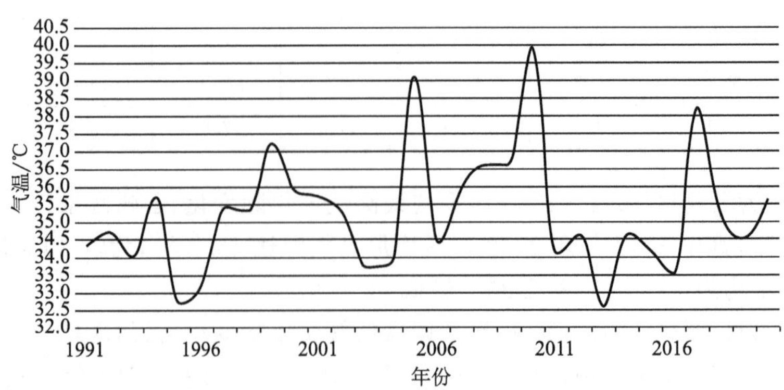

图 2.4　云州区 1991—2020 年极端最高气温年际变化

表 2.2　云州区 1991—2020 年极端气温　　单位：℃

年份	极端最高气温	极端最低气温	年份	极端最高气温	极端最低气温
1991	34.3	−26.1	2006	34.4	−28.7
1992	34.7	−25.5	2007	35.9	−26.0
1993	34.0	−30.2	2008	36.6	−30.9
1994	35.7	−27.8	2009	36.6	−27.6
1995	32.7	−26.1	2010	39.9	−30.5
1996	33.3	−23.8	2011	34.1	−26.8
1997	35.4	−28.5	2012	34.6	−27.6
1998	35.3	−30.1	2013	32.6	−30.1
1999	37.2	−25.4	2014	34.6	−26.9
2000	35.8	−31.9	2015	34.2	−24.4
2001	35.7	−27.1	2016	33.5	−25.0
2002	35.2	−31.4	2017	38.2	−24.8
2003	33.7	−30.3	2018	35.1	−26.9
2004	33.8	−28.2	2019	34.5	−27.1
2005	39.1	−27.5	2020	35.6	−26.1

图 2.5 为云州区 1991—2020 年极端最低气温年际变化，云州区年极端最低气温在−31.9 ℃(2000 年)～−23.8 ℃(1996 年)。

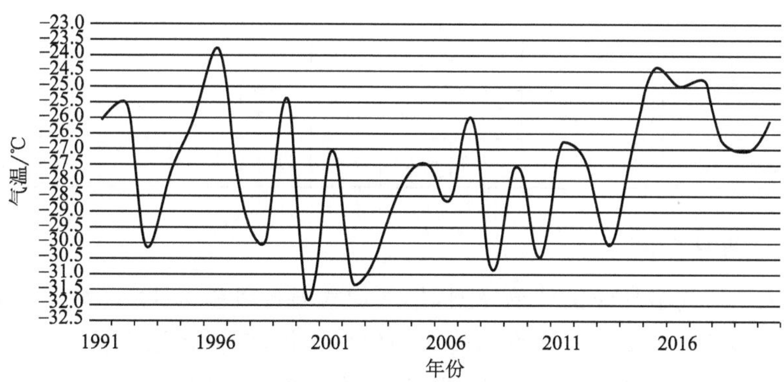

图 2.5　云州区 1991—2020 年极端最低气温年际变化

2.5.1.2　气温年变化

(1)平均气温

云州区 1991—2020 年月平均气温、月平均最高气温、月平均最低气温年变化分别为−11.7～22.8 ℃、−2.7～29.2 ℃、−18.6～16.4 ℃，最高值出现在 7 月，最低值出现在 1 月(表 2.3)。月平均气温、月平均最高气温、月平均最低气温年内变化表现为，1 月为全年最冷月，自 1 月起开始逐月升高，春季以 3—4 月升温最快，5 月气温稳定通过 10 ℃，7 月气温达到一年中最高，8 月气温降低，从秋季各月的变化幅度来看，基本上以 10—11 月降温最快。月平均气温从 11 月至次年 2 月低于 0.0 ℃，4—9 月高于 10.0 ℃；月平均最高气温从 12 月至次年 3 月低于 10.0 ℃，5—9 月高于 20.0 ℃；月平均最低气温从 11 月至次年 3 月低于 0.0 ℃，6—8 月高于 10.0 ℃。

表 2.3 云州区 1991—2020 年月平均气温、月平均最高气温、月平均最低气温 单位：℃

要素	月份											
	1	2	3	4	5	6	7	8	9	10	11	12
月平均气温	−11.7	−6.6	1.1	9.7	16.5	20.9	22.8	20.9	15.1	7.4	−1.7	−9.3
月平均最高气温	−2.7	2.3	9.4	17.7	25.0	27.9	29.2	27.6	22.7	15.5	6.4	−1.1
月平均最低气温	−18.6	−13.7	−6.5	1.1	8.0	13.5	16.4	14.5	8.2	0.8	−7.9	−15.6

(2)极端气温

表 2.4 给出了云州区月极端气温统计，从表中可以看到，云州区极端最高气温为 5.1～34.4 ℃，极端最低气温为−26.6～11.4 ℃。图 2.6 给出了云州区 1991—2020 年月平均气温、月平均最高气温、月平均最低气温等的变化。

表 2.4 云州区 1991—2020 年各月极端气温 单位：℃

要素	月份											
	1	2	3	4	5	6	7	8	9	10	11	12
极端最高气温	5.1	12.2	20.3	28.2	32.4	33.9	34.4	32.8	29.5	23.7	16.4	6.6
极端最低气温	−26.6	−23.1	−16.4	−7.9	−0.3	7.0	11.4	8.3	0.5	−7.5	−16.9	−24.0

2.5.1.3 气温日变化

云州区平均气温日变化呈单峰型，年平均气温日较差为 14.9 ℃。06 时左右气温最低，日出之后，随着地面接收到的太阳辐射增加，气温逐渐升高，15 时左右气温达到峰值，之后太阳辐射减弱，气温开始下降直至次日 06 时。

2.5.2 降水

降水量是指从天空降落到地面上的液态或固态(经融化后)水，未经蒸发、渗透、流失，而在水平面上积聚的深度，以 mm 为单位。

2.5.2.1 降水量年际变化

云州区 1991—2020 年累年平均降水量为 387.5 mm，降水量在 253.7 mm(2001

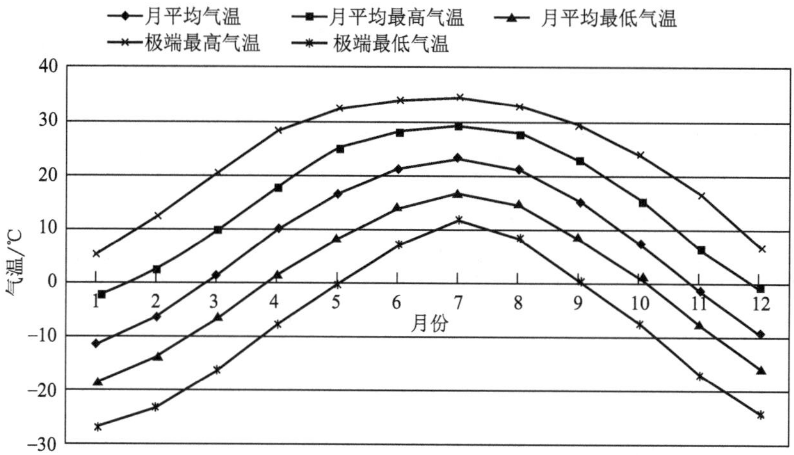

图 2.6 云州区 1991—2020 年月平均气温、月平均最高气温、月平均最低气温和极端最高、最低气温变化

年)～566.8 mm(1995 年)。其中,年降水量在 300.0 mm 以下的有 4 a,在 300.0～400.0 mm 的有 13 a,在 400.0～500.0 mm 的有 10 a,500.0 mm 以上的有 3 a(图 2.7、表 2.5)。

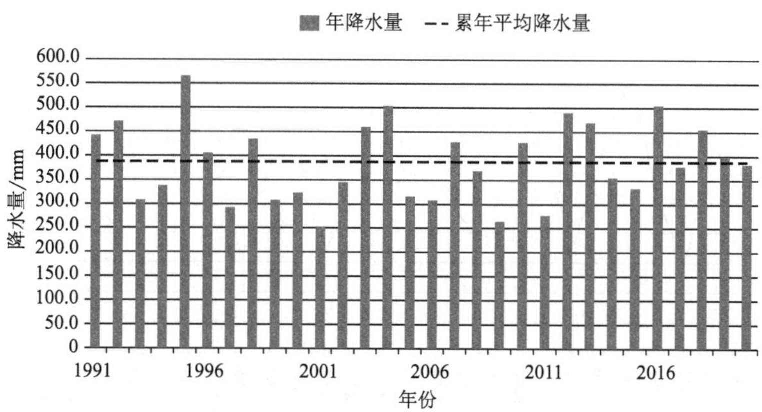

图 2.7 云州区 1991—2020 年降水量年际变化

云州区 1991—2020 年降水量变化趋势见图 2.8,由图可知,云州区 30 a 降水量变化总体呈上升趋势,最大值出现在 1995 年,为 566.8 mm,最小值出现在 2001 年,为 253.7 mm,最大值和最小值相差 313.1 mm。

云州区 1991—2020 年年平均降水日数为 77.3 d,历年降水日数在 67 d(1999 年)～107 d(2003 年),其中,年降水日数在 70 d 以下的有 5 a,在 70 d(含)～80 d 的有 16 a,在 80 d(含)～90 d 的有 7 a,在 90 d 及以上的有 2 a(图 2.9)。

表 2.5 云州区 1991—2020 年年降水量(mm)、降水日数(d)

年份	降水量	降水日数	年份	降水量	降水日数
1991	441.5	85	2006	308.8	84
1992	471.5	98	2007	428.6	67
1993	308.3	72	2008	369.8	83
1994	338.6	68	2009	262.5	76
1995	566.8	75	2010	428.3	77
1996	406.5	79	2011	276.7	83
1997	293.8	68	2012	490.7	78
1998	434.6	80	2013	470.0	82
1999	307.4	67	2014	355.2	77
2000	326.1	72	2015	333.5	86
2001	253.7	72	2016	506.3	72
2002	348.3	79	2017	377.1	73
2003	461.8	107	2018	458.0	68
2004	504.3	73	2019	399.2	70
2005	316.3	72	2020	382.0	77

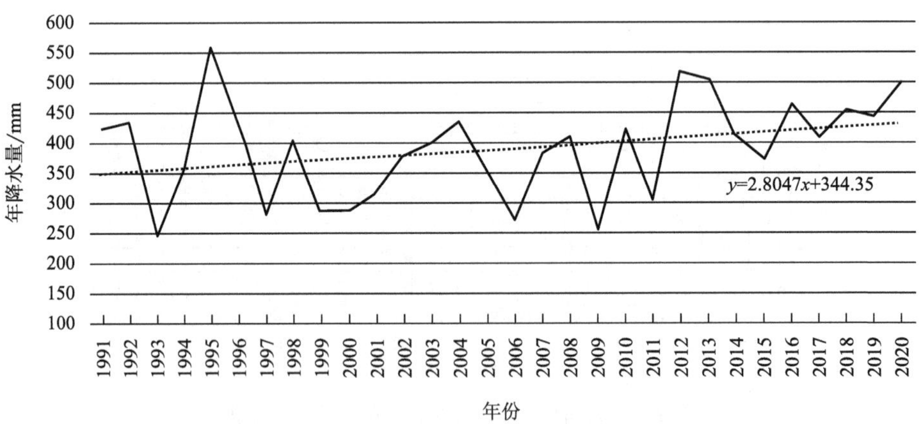

图 2.8 云州区 1991—2020 年年降水量变化趋势

2.5.2.2 降水量年变化

云州区降水量季节变化特征明显，冬季(12 月—次年 2 月)天气较为稳定，平均降水量在四季之中最少，各月在 2.8～4.3 mm，占全年降水量的 2.59%；春季(3—5 月)对流活动开始增加，降水量增加，占全年降水量的 16.15%，各月降水量在 10.5～34.3 mm；夏季(6—8 月)为全年对流活动最频繁季节，降水发生频率较高，占全年降

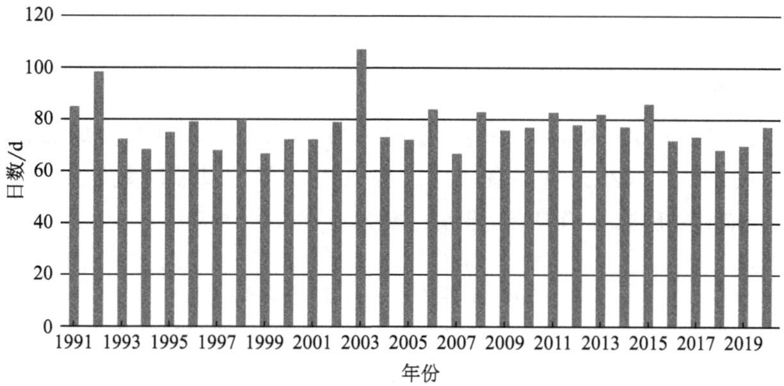

图 2.9　云州区 1991—2020 年降水日数历年变化

水量的 58.48%，各月降水量在 55.3～101.6 mm；秋季（9—11 月）降水量占全年降水量的 22.78%，各月降水量在 10.2～55.4 mm（图 2.10、表 2.6）。

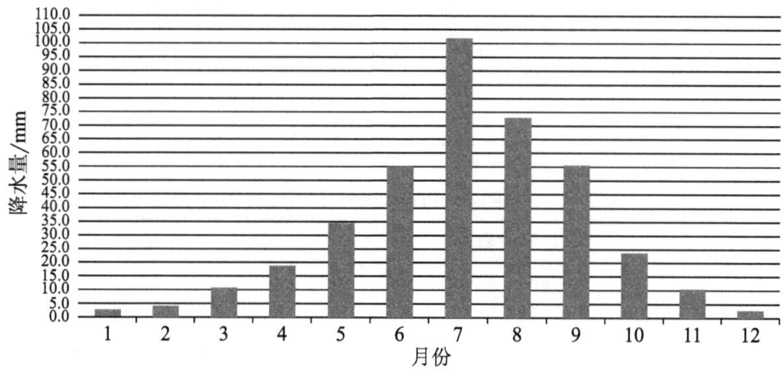

图 2.10　云州区 1991—2020 年各月平均降水量

表 2.6　云州区 1991—2020 年各月平均降水量(mm)及占比(%)

	月份											
	1	2	3	4	5	6	7	8	9	10	11	12
平均降水量	3.1	4.3	10.5	18.6	34.3	55.3	101.6	72.8	55.4	23.9	10.2	2.8
平均降水量占比	0.79	1.09	2.67	4.74	8.73	14.08	25.87	18.53	14.10	6.08	2.60	0.71

冬季降水主要以降雪为主，春季降水包含降雪和降雨，夏季降水包含降雨和冰雹，秋季主要为降雨。

2.5.3　日照

日照时数一般表征一天内太阳直射光线照射地面的时间的长短。地面气象观测中测定的日照时数是在给定时段内太阳直接辐照度大于或等于 120 W/m² 的各分段时间的总和。

2.5.3.1 日照年际变化

云州区 1991—2020 年累年平均日照时数为 2862.2 h，历年日照时数在 2535.8 h(2014 年)～3322.1 h(2020 年)(图 2.11、表 2.7)。年总日照时数波动较大，年日照时数变化总体上呈现减少趋势，趋势倾斜率为 −109.0 h/10a。

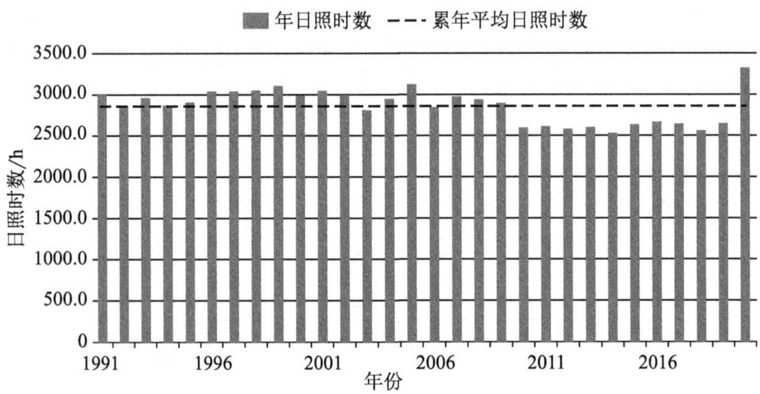

图 2.11 云州区 1991—2020 年日照时数历年变化

表 2.7 云州区 1991—2020 年历年日照时数 单位：h

年份	日照时数	年份	日照时数
1991	3006.3	2006	2858.0
1992	2844.0	2007	2974.1
1993	2960.8	2008	2938.5
1994	2888.7	2009	2903.1
1995	2912.1	2010	2598.1
1996	3042.0	2011	2619.3
1997	3042.9	2012	2576.6
1998	3039.5	2013	2603.4
1999	3106.1	2014	2535.8
2000	2992.1	2015	2638.2
2001	3036.8	2016	2661.5
2002	3004.5	2017	2646.1
2003	2805.7	2018	2562.2
2004	2950.2	2019	2646.1
2005	3133.6	2020	3322.1

2.5.3.2　日照年变化

云州区各月的日照时数在 191.0 h(12 月)～289.0 h(5 月)。总体看来，秋冬季日照时数较少，3—8 月较多，在 250.0 h 以上，由于云雨天气和地理环境的影响，日照时数最多月份各地有一定的差异。5 月为全年最多，12 月最少。这是由于 5 月多晴朗、少云雨天气，7 月多阴雨天气，导致 5 月地面实际接收到的太阳光照的时数高于 7 月。秋冬季正午太阳高度逐渐降低，昼长渐短，日照时数逐渐减少(图 2.12、表 2.8)。

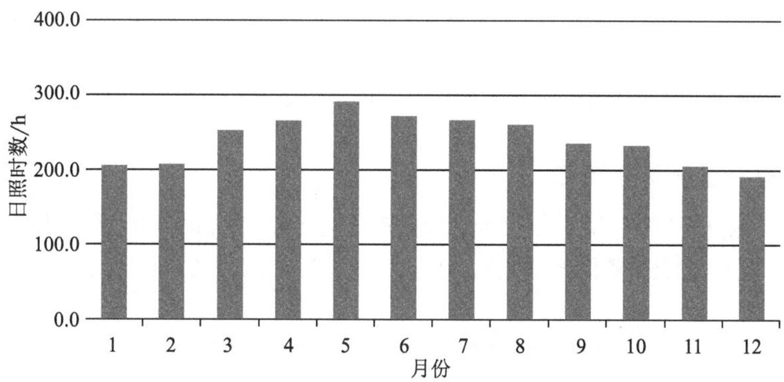

图 2.12　云州区 1991—2020 年各月平均日照时数

表 2.8　云州区 1991—2020 年各月平均日照时数　　单位:h

	月份											
	1	2	3	4	5	6	7	8	9	10	11	12
日照时数	204.4	207.0	250.1	264.6	289.0	268.7	264.5	259.0	234.3	232.6	196.8	191.0

2.5.3.3　生育期总日照时数变化

云州区 1991—2020 年黄花关键生育期平均累计日照时数为 1520.1 h，最大值出现在 2020 年，为 1893.8 h，最小值出现在 1992 年，为 1341 h，近 30 a 黄花关键生育期日照总时数呈增加的趋势(图 2.13)，日照时数增加，有利于黄花光合作用以及花蕾形成，若采摘期光照充足，有利于黄花晾晒收获。

2.5.4　相对湿度

相对湿度是指空气中水汽压与相同温度下饱和水汽压的百分比，或湿空气的绝对湿度与相同温度下可能达到的最大绝对湿度之比。也可表示为湿空气中水蒸气分压力与相同温度下水的饱和压力之比。相对湿度以百分数(%)表示，取整数。相对湿度是表征地面空气潮湿程度的气象要素，地面气象观测规定高度为 1.5 m 的空气湿度，是由安装在百叶箱中的干湿球温度表和湿度计所测定的。

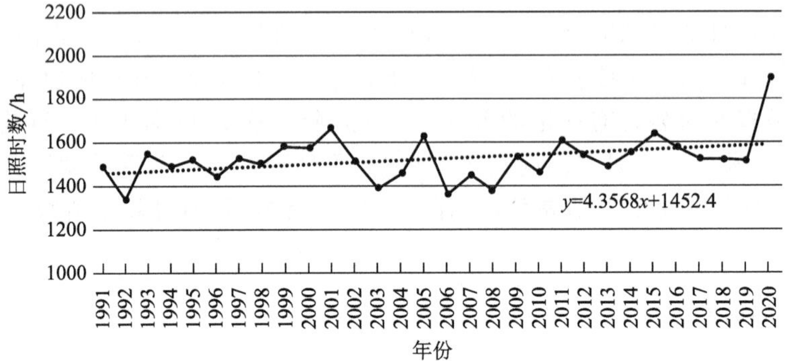

图 2.13　云州区 1991—2020 年 3 月 1 日—8 月 31 日日照时数变化

2.5.4.1　相对湿度年际变化

云州区 1991—2020 年累年平均相对湿度为 53.0%，最高年平均相对湿度出现在 2003 年，为 64.0%；最低出现在 2009 年，为 48.0%（图 2.14、表 2.9）。

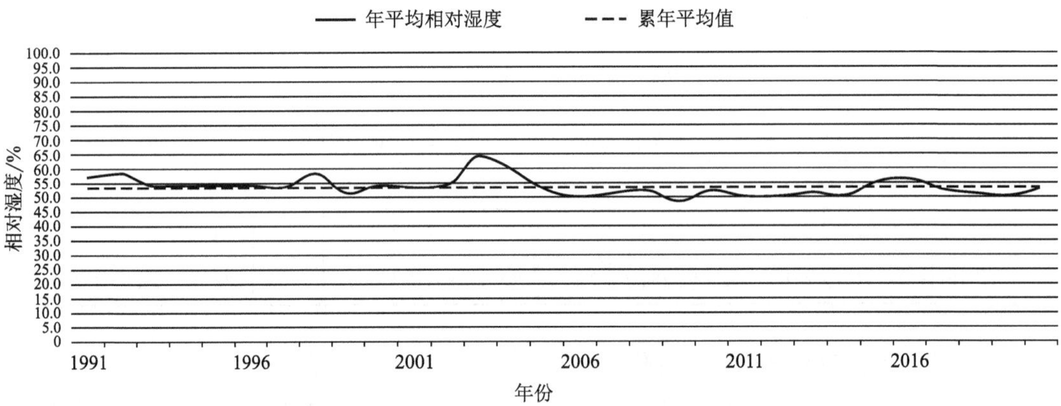

图 2.14　云州区 1991—2020 年平均相对湿度历年变化

表 2.9　云州区 1991—2020 年历年相对湿度　　%

年份	相对湿度	年份	相对湿度
1991	57.0	1998	58.0
1992	58.0	1999	51.0
1993	54.0	2000	54.0
1994	54.0	2001	53.0
1995	54.0	2002	54.0
1996	54.0	2003	64.0
1997	53.0	2004	59.0

续表

年份	相对湿度	年份	相对湿度
2005	52.0	2013	51.0
2006	50.0	2014	50.0
2007	51.0	2015	55.0
2008	52.0	2016	56.0
2009	48.0	2017	52.0
2010	52.0	2018	51.0
2011	50.0	2019	50.0
2012	50.0	2020	53.0

2.5.4.2　相对湿度年变化

云州区 1991—2020 年逐月平均相对湿度在 38.5%(4 月)～66.7%(8 月)，呈现单峰型变化。5 月开始，空气湿度迅速增加，8 月达到最大值，之后，空气湿度逐渐减小，最小值出现在 4 月(图 2.15、表 2.10)。

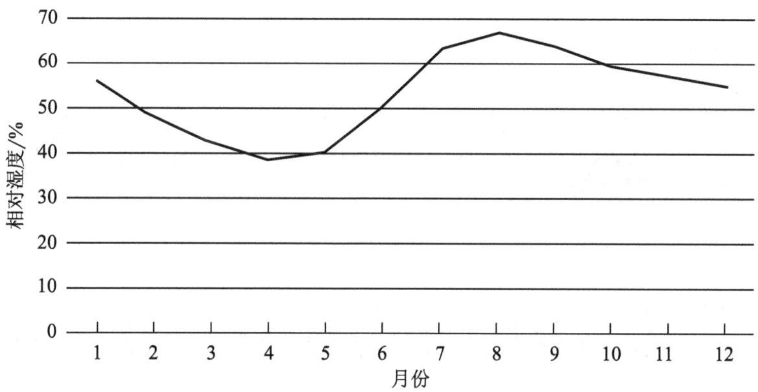

图 2.15　云州区 1991—2020 年平均相对湿度逐月变化

表 2.10　云州区 1991—2020 年各月平均相对湿度　%

	月份											
	1	2	3	4	5	6	7	8	9	10	11	12
平均相对湿度	55.4	47.7	42.1	38.5	40.2	50.7	63.2	66.7	63.9	59.3	57.3	54.9

2.5.5　积温

积温是指一年内日平均气温≥10 ℃持续期间日平均气温的总和，即活动温度总和，简称积温。它是研究温度与生物有机体发育速度之间关系的一种指标，从强度和作用时间两个方面表示温度对生物有机体生长发育的影响。

作物的生长需要一定的热量条件，不同作物对热量条件的要求有明显差异，不同品种农作物和不同生育期生长发育的下限温度与适宜温度称作农业界限温度，相应时段的积温是鉴定一个地方农业生产热量的重要指标，也是引种和安排农业生产布局的主要依据。日平均气温≥0 ℃活动积温表示作物可能利用的热量，日平均气温≥10 ℃活动积温表示各种作物生长期内热量供应的可靠指标。

大同市近 40 a 日平均气温≥0 ℃活动积温和≥10 ℃活动积温总的变化趋势均呈明显的增加趋势，均通过了 $P<0.01$ 的显著性检验，≥0 ℃和≥10 ℃初日均呈提前趋势，≥0 ℃的提前趋势较≥10 ℃初日明显，≥0 ℃和≥10 ℃终日呈弱的推后趋势。≥0 ℃的初日提前，表明农耕期提前，≥10 ℃的初日提前，表明春季喜温作物播期或开始生长期提前。≥0 ℃和≥10 ℃的初终间持续日数均呈延长趋势，而≥0 ℃的初终间持续日数延长趋势明显。以上表明作物生长期延长，热量资源充足，有利于扩大喜温作物的种植面积(李效珍 等，2021)。

从图 2.16 可知，云州区 1991—2020 年黄花关键生育期≥10 ℃的年平均积温在 2431.6～2967.2 ℃·d，平均值为 2689.4 ℃·d，有效积温能够满足黄花生长发育的需要，满足黄花优生区的条件，优生区内黄花菜品质优于其他区间。

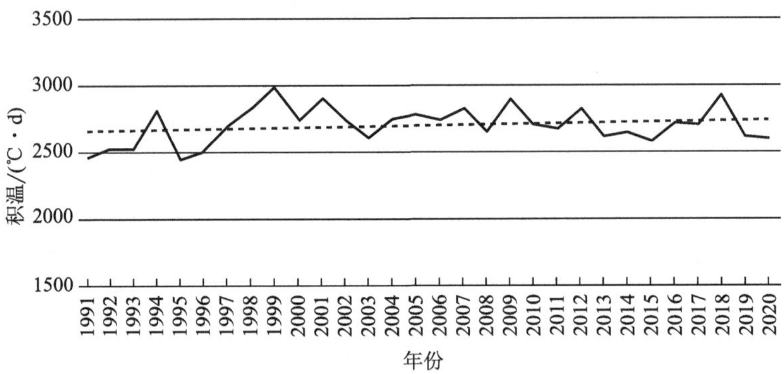

图 2.16 云州区 1991—2020 年黄花关键生育期日平均气温≥10 ℃积温变化

2.5.6 土壤

黄花对土壤的适应性很强，耐瘠薄，山坡、平地、地埂、地边、梯田、丘陵山区均可种植。一般来说，它更耐旱，即使干燥的土壤也可以生长良好。一些未经管理的野生山区也能生长，土壤营养不是很丰富也可以种植，从酸性的红、黄壤到碱性的石灰性土壤都能生长。黄花菜既能适应盐碱土壤，又能抑制土壤盐分。一般砂性土中，表现早熟，不落蕾，产量低。在黏性土中，表现成熟晚，不落蕾，经济性状好。以中性土壤种植最好。

2.5.7　肥料

黄花是一种喜肥作物，以有机肥为主，氮肥为辅，磷、钾配合，肥料充足，则植株生长旺盛，产量高，肥料不足，则植株矮小，色淡，分蘖少，营养生长不良。增施氮肥能使植株生长健壮，叶片长而宽，但偏施氮肥容易引起苗叶徒长，组织不充实，花芽分化延迟，抗性减弱；增施磷肥能促进根系发达，分蘖多，有利于从营养生长向生殖生长转化，增加花蕾的数量，改善品质和增加产量；黄花菜需钾较多，钾肥供应充足，植株生长前期组织坚韧，生长健壮，抗病力强，中后期能使花薹抽生整齐粗壮，花蕾长而肥大、数量增多，采摘期延长，并能提高黄花菜的品质。

由于黄花有新植苗、老龄苗和常规苗，在施肥技术上，应因苗不同，因地制宜。黄花菜出苗后到花薹抽生前的这一阶段供给的营养，主要用于出苗、长叶，增进叶片的早生快发，使叶片生长茁壮，具备强大的同化面积，为争取花薹与花蕾分化的数量与品质打下物质基础。春苗肥的施用时间要早，通常应在开始萌芽时进行。在黄花菜苗期可以喷施沃叶叶面肥。依据黄花菜的生长发育规律，为了较好地发挥肥效，通常应在花薹开始分化时和花薹开始抽出时，分别各施一次肥，以施速效化肥为主。第一次最好用人粪尿与饼肥混杂发酵后施用，以增进花薹、花蕾的发育，沃叶平衡肥，其中第一次用量宜略少于第二次；第二次施肥时，黄花菜正进入生殖生长盛期，需肥量大，叶龄指数已达100%，叶片组织充实，可以重施。且黄花菜具备不断采摘不断萌发的特点，采摘时间长，全部采摘期需要耗费大批营养。蕾肥就是为了弥补黄花菜的营养，避免脱肥早衰，维持叶片青绿，以达到催蕾壮蕾，提高成蕾率，延长采摘期，从而提高黄花菜产量。

2.6　气象条件对黄花采摘的影响

2.6.1　褪色

新鲜黄花菜花蕾中的叶绿素A、叶绿素B、花青素等色素极不稳定，在太阳光的辐射下，容易发生光解和降解作用，使黄花菜色泽由青绿色转变为白色，俗称褪色。

光照强度越强，光照时间越长，气温越高，黄花菜褪色越快。黄花菜褪色后，失去鲜艳光泽，美感度骤跌(傅荟涓，2018)。

2.6.2　萎蔫

黄花菜含水量在85%以上，从植株上采摘下来后，极易蒸腾失水。空气越干燥，气温越高，风速越大，黄花菜蒸腾失水越快。由于黄花菜的供水途径被切断，不能再补充蒸腾失水，致使其过度失水，导致其组织细胞膨压急剧下降，出现萎蔫或皱缩，俗称塌架，又称蔫菜。黄花菜蔫菜后，其清脆爽口的风味基本丧失，鲜食价值急剧下降(傅荟涓，2018)。

2.6.3 失重

黄花菜从植株上采摘下来后，由于其营养供给途径被切断，被迫由积蓄营养阶段转入消耗营养阶段。气温越高，空气湿度越大，黄花菜呼吸作用越旺盛，体内营养物质消耗越快，失重越严重。据分时段灭酶杀青试验数据显示：每推迟 2 h 灭酶杀青，黄花菜干制的出菜率降低 12.5%。由此可见，高温高湿致使黄花菜失重极其严重，是导致黄花菜品质下降的突出因素(傅荟涓，2018)。

2.6.4 开花

黄花菜花蕾是繁衍后代的生殖器官，开花是其后熟作用发展的最终结果，一般在黄花菜采摘后 3～5 h 展现。在成熟度基本一致、无催熟介质干预的情况下，具体开花时间主要由采摘和田间暂存时的光照强度与温度高低决定，光照强度强，气温高，积温积累快，后熟进程快，开花就早。黄花菜一旦开花，不但其花瓣内营养物质告罄，而且其花蕊内多种化合物共流出组分含量激增，比开花前增加 500 倍以上(傅荟涓，2018)，使黄花菜丧失营养价值和食用价值。

2.6.5 中毒

中毒主要发生在黄花菜暂在田间地头时期。黄花菜被装进塑料袋中，其蒸腾的水分、呼吸作用释放的二氧化碳和能量不能及时扩散，在袋内形成高温、高湿、高碳环境，一方面，进一步加剧黄花菜新陈代谢活动，浪费更多的营养物质；另一方面，造成袋内氧气匮乏，迫使黄花菜进行厌氧呼吸，产生和积累大量乙醇、乙醛等有害物质，引起自身中毒。

2.6.6 褐变

黄花菜富含氨基酸，据农业农村部质量检测中心质检报告显示，黄花菜中氨基酸含量≥7.5%，在新鲜蔬菜中，其氨基酸的含量名列前茅。而氨基酸易发生酶促褐变，气温越高，空气湿度越大，酶的活性越高，酶促褐变越强烈，氨基酸被分解或降解的速度越快，品质下降越快。在黄花菜发生酶促褐变过程中，常伴随黑蛋白素形成而改变黄花菜美观度，该现象在后续杀青干制过程表现更为突出，是导致黄花菜变质的重要因素。

2.6.7 腐败

微生物腐败是黄花菜采后变质最普遍最突出的现象，它与空气温度、湿度密切相关，空气温度越高，湿度越大，微生物活动越旺盛，黄花菜腐败变质的速度越快。由于黄花菜采摘期正值高温梅雨季节，其鲜嫩而又营养丰富的花蕾是各类微生物新陈代谢的理想基质，在采摘后因过度失水而失去膨压，很快被各类微生物浸染，营养物质迅速被微生物分解或降解，并伴生磷化氢等恶臭物质或黄曲霉毒素等有毒物质，使黄花菜品质急剧恶化。

第3章 大同黄花气候品质评价及相关模型的建立

3.1 大同黄花品质检测

2021年10月8日、13日分别选取大同市云州区农业农村局提供的云州区周士庄镇联社、杜庄乡杜庄村、西坪镇东紫峰村、吉家庄中心村2020年、2021年晒干黄花菜样品送往农业农村部农产品质量监督检验测试中心(郑州)进行检测。

如表3.1所示,黄花菜中氨基酸的含量每100 g在7.30～8.48 g,蛋白质含量每100 g在12.4～15.0 g,脂肪含量每100 g在1.4～2.1 g,维生素B2含量每100 g在0.0824～0.5 mg。

大同云州区黄花含糖量极高,富含纤维素、蛋白质、维生素B2及锌、硒、铁、钾、钙等矿物质,营养成分丰富。其特点为角长肉厚、色泽金黄、味道鲜美、脆嫩可口。

表3.1 黄花品质检测汇总

	单位	周士庄镇联社		杜庄乡杜庄村		西坪镇东紫峰村		吉家庄中心村	
		2020年	2021年	2020年	2021年	2020年	2021年	2020年	2021年
天冬氨酸	g/(100g)	1.18	1.20	1.18	1.12	1.32	1.28	1.06	1.10
苏氨酸		0.36	0.37	0.36	0.36	0.37	0.36	0.33	0.32
丝氨酸		0.37	0.38	0.36	0.36	0.40	0.38	0.34	0.34
谷氨酸		1.30	1.31	1.25	1.24	1.28	1.26	1.14	1.14
甘氨酸		0.44	0.45	0.43	0.43	0.44	0.44	0.40	0.40
丙氨酸		0.52	0.54	0.56	0.56	0.55	0.54	0.48	0.48
缬氨酸		0.53	0.54	0.52	0.53	0.53	0.52	0.48	0.48
蛋氨酸		0.10	0.11	0.11	0.12	0.15	0.14	0.08	0.10
异亮氨酸		0.42	0.42	0.42	0.42	0.42	0.42	0.38	0.37
亮氨酸		0.70	0.70	0.68	0.68	0.71	0.70	0.62	0.62
酪氨酸		0.14	0.14	0.16	0.18	0.22	0.22	0.14	0.15
苯丙氨酸		0.48	0.48	0.46	0.47	0.48	0.48	0.43	0.44
赖氨酸		0.64	0.65	0.60	0.61	0.58	0.56	0.58	0.58
组氨酸		0.08	0.08	0.12	0.11	0.19	0.19	0.08	0.08
精氨酸		0.46	0.46	0.43	0.43	0.44	0.44	0.41	0.40

续表

	单位	周士庄镇联社		杜庄乡杜庄村		西坪镇东紫峰村		吉家庄中心村	
		2020 年	2021 年	2020 年	2021 年	2020 年	2021 年	2020 年	2021 年
脯氨酸	g/(100g)	0.38	0.40	0.38	0.39	0.40	0.41	0.35	0.37
蛋白质		14.0	14.1	14.2	13.9	15.0	15.0	12.4	12.6
脂肪		2.0	1.8	1.8	1.8	2.1	2.0	1.4	1.6
粗纤维	%	4.2	4.9	4.7	4.0	4.7	4.2	4.0	4.2
可溶总糖		47.44	47.30	46.86	47.09	46.90	46.8	51.71	51.32
维生素 B2	mg/(100g)	0.0889	0.102	0.100	0.103	0.562	0.500	0.0934	0.0824
硒	mg/kg	<0.002	<0.002	0.017	0.016	0.020	0.022	<0.002	0.0020
铜		5.28	4.86	6.08	6.16	5.58	5.64	4.20	4.27
锌		28.2	27.9	42.0	42.5	38.2	37.6	34.9	35.5
铁		82.4	83.8	76.1	91.6	38.6	43.3	76.2	65.2
钾		1.32×10^4	1.34×10^4	1.46×10^4	1.54×10^4	1.76×10^4	1.66×10^4	1.26×10^4	1.32×10^4
钙		3.52×10^3	3.47×10^3	2.70×10^3	2.67×10^3	3.20×10^3	3.16×10^3	3.08×10^3	3.12×10^3
镁		1.02×10^3	1.01×10^3	1.56×10^3	1.59×10^3	1.33×10^3	1.44×10^3	916	928

3.2 大同黄花种植区土壤养分检测

云州区位于山西省最大的盆地大同盆地之内。全区土壤分为五大类。

第一类:山地黑钙土,分布于海拔 1800 m 以上的山顶平台及缓坡上,面积约 17716 亩。

第二类:栗钙土,分布于海拔 1800 m 以下,二级阶地以上的冲积平原,倾斜平原、丘陵以及中、低山区,是本区的地带性土壤,面积约 1899667 亩,占总土地面积的 86.33%。

第三类:草甸土,主要分布在桑干河、御河的一级阶地以及二级阶地低洼处,面积约 149515 亩。

第四类:盐土,分布在一级阶地以及二级阶地低洼处,面积约 37335 亩。

第五类:风沙土,分布于二级阶地的局部地区,面积约 17842 亩。土壤质地大部分为砂壤——轻壤,土壤容重多在 1.2~1.48 g/cm^3,孔隙度适中。

选取广灵、天镇、灵丘、吉家庄乡固定桥村、倍加造乡任家小村、党留庄乡兼铺村、气象站院、唐家堡、许堡乡下庄村、杜庄乡、周士庄乡牛家堡村、瓜园乡园沃合作社、阳高、浑源 14 地的土壤样品送至山西省检验检测中心进行检测,检测内容包括全氮、有效磷、速效钾、有机质、全硒、有效硼、有效态锰、铜、锌、有效硫 10 项(表 3.2)。

表 3.2　土壤样品检测汇总

	检测参数									
	全氮/%	有效磷/(mg/kg)	速效钾/(mg/kg)	有机质/(g/kg)	全硒/(mg/kg)	有效硼/(mg/kg)	有效态锰/(mg/kg)	铜/(mg/kg)	锌/(mg/kg)	有效硫/(mg/kg)
广灵	0.120	27.4	138	12.7	0.16	0.51	4.9	18	68	10.56
天镇	0.168	5.1	70	11.6	0.19	0.36	13.6	27	68	9.70
灵丘	0.146	3.4	129	7.1	0.14	0.25	7.3	19	56	8.28
固定桥村	0.172	18.2	361	18.4	0.17	0.90	9.2	21	62	16.88
任家小村	0.187	16.2	198	10.2	0.17	0.85	6.3	20	64	7.78
兼铺村	0.126	18.0	177	15.1	0.18	0.50	5.1	18	63	8.36
气象站院	0.126	27.0	220	22.2	0.29	0.66	6.6	34	86	17.42
唐家堡	0.130	22.4	234	19.4	0.19	0.72	8.9	31	77	13.04
下庄村	0.091	10.6	178	13.2	0.15	0.81	8.8	18	66	12.22
杜庄乡	0.073	44.2	188	11.6	0.13	0.67	3.8	14	66	7.31
牛家堡村	0.103	13.0	100	11.1	0.18	0.40	5.2	20	65	13.04
园沃合作社	0.111	11.5	107	11.2	0.19	0.71	4.3	15	62	18.10
阳高	0.075	12.5	94	10.5	0.18	0.24	5.2	24	63	9.52
浑源	0.240	9.7	106	12.4	0.43	0.58	4.6	19	69	7.42

3.3　大同黄花不同生育阶段生长适宜性气候指标

3.3.1　气象站观测资料

大同市云州、阳高、天镇、浑源、广灵、灵丘、左云、平成 8 个国家气象站 1991—2021 年 31 a 逐日气象数据(气温、降水、相对湿度、露点温度、水汽压、日照时数、风速风向等)以及云州区的西关、周士庄、倍加造、册田水库、瓜园、党留庄、杜庄、峰峪、吉家庄、许堡共 10 个区域站 2017—2020 年逐日气象数据。

3.3.2　格点资料

对云州区 1994—2020 年格点资料进行分析,云州区年平均气温、年平均最高气温、年平均最低气温、年总降水量、平均风速、年平均相对湿度、全生育期日平均气温≥5 ℃积温如图 3.1 所示。云州区年平均气温为 6.1～8.9 ℃,年平均最高气温为 12.1～16.3 ℃,年平均最低气温为－1.2～2.3 ℃,年平均降水量为 240～400 mm,平均风速为 0～2.8 m/s,相对湿度为 50.8%～56.7%,≥5 ℃积温为 3003～3594 ℃·d。

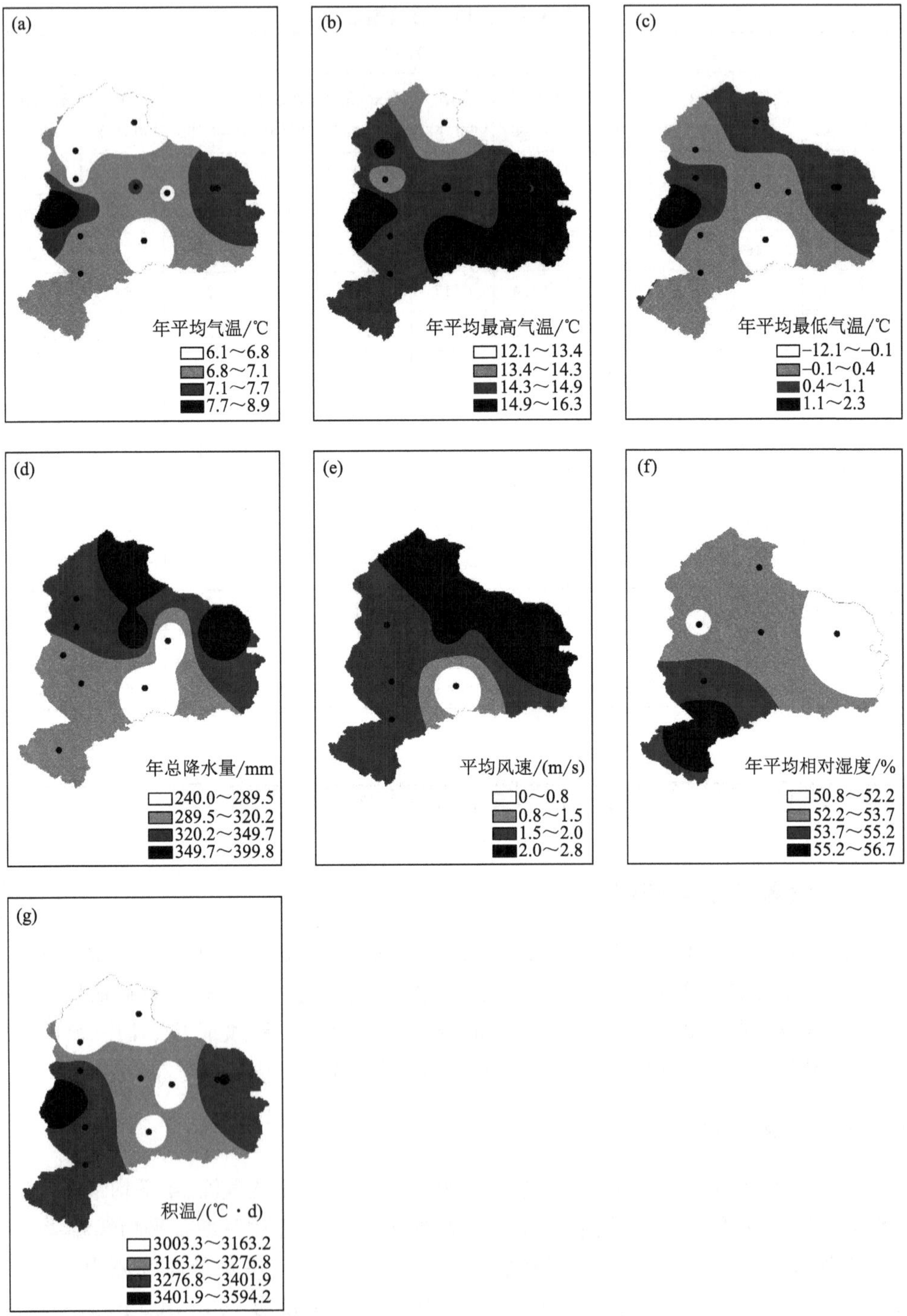

图 3.1　云州区 1994—2020 年年平均气温(a)、年平均最高气温(b)、年平均最低气温(c)、年总降水量(d)、平均风速(e)、年平均相对湿度(f)、全生育期日平均气温≥5 ℃积温(g)空间分布

3.4　大同黄花环境适宜气象指标

3.4.1　评估依据

（1）严格依据《中华人民共和国气象法》（2016年11月）第三十三条规定："县级以上地方人民政府应当根据本地区气候资源的特点，对气候资源开发利用的方向和保护的重点作出规划。地方各级气象主管机构应当根据本级人民政府的规划，向本级人民政府和同级有关部门提出利用、保护气候资源和推广应用气候资源区划等成果的建议。"

（2）依据中国气象局公共气象服务中心《"气候标志农产品"评价工作实施细则》（2023年4月）及《"气候标志农产品"评价技术指南》的规定及要求进行编制，保障评估过程科学性、规范性、权威性。

3.4.2　评估技术方法

参照气象行业标准《农产品气候品质认证技术规范》（QX/T 486—2019）制定黄花气候品质评价技术指标，建立气候品质评估模型。基于黄花生长发育过程中气象因子对品质的不同影响，筛选气象因子指标，确定阈值范围及权重系数，得到黄花评估指标（表3.3）。

表3.3　黄花评估指标及赋值

		关键生育阶段气象评估指标				
		收获期气温日较差 X_1/℃	抽薹—收获期≥5℃有效积温 X_2/(℃·d)	收获期平均最高气温 X_3/℃	苗期平均最低气温 X_4/℃	全生育期总降水量 X_5/mm
适宜度（M_i）	0.4	$X_1<5$ 或 $X_1\geqslant15.5$	$X_2<735$ 或 $X_2\geqslant1260$	$X_3<19$ 或 $X_3\geqslant34$	$X_4<4.5$ 或 $X_4\geqslant7.5$	$X_5<250$ 或 $X_5\geqslant375$
	0.6	$5\leqslant X_1<11.5$	$735\leqslant X_2<1050$	$19\leqslant X_3<28$	$4.5\leqslant X_4<5$	$250\leqslant X_5<290$
	0.8	$11.5\leqslant X_1<13$	$1050\leqslant X_2<1075$	$28\leqslant X_3<29.5$	$5\leqslant X_4<5.5$	$290\leqslant X_5<320$
	1.0	$13\leqslant X_1<15.5$	$1075\leqslant X_2<1260$	$29.5\leqslant X_3<34$	$5.5\leqslant X_4<7.5$	$320\leqslant X_5<375$
权重（α_i）		0.28	0.32	0.18	0.06	0.16

备注：M_i 为1.0、0.8、0.6、0.4时，分别表示评估指标最适宜、适宜、较适宜、较不适宜。

3.5　气候品质指数计算与评价

代表黄花菜品质的气象指标包括蛋白质、氨基酸、脂肪、可溶性糖和粗纤维，分别与黄花生长关键期气象因子进行相关性分析发现，收获期气温日较差、抽薹—收获期

≥5 ℃有效积温、收获期平均最高气温、苗期平均最低气温、全生育期总降水量具有强相关性，且通过 0.05 的显著性检验(图 3.2)。

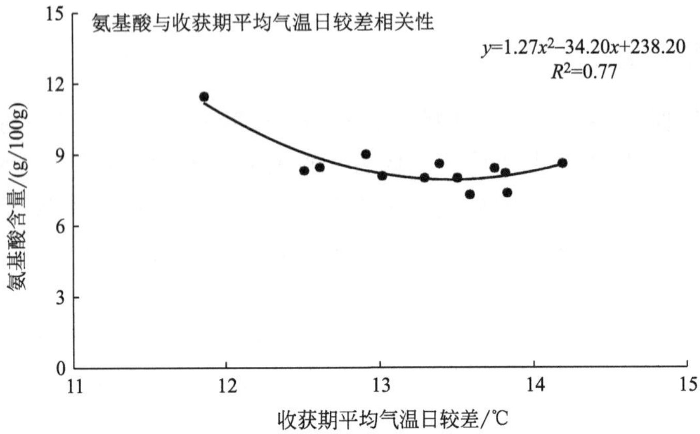

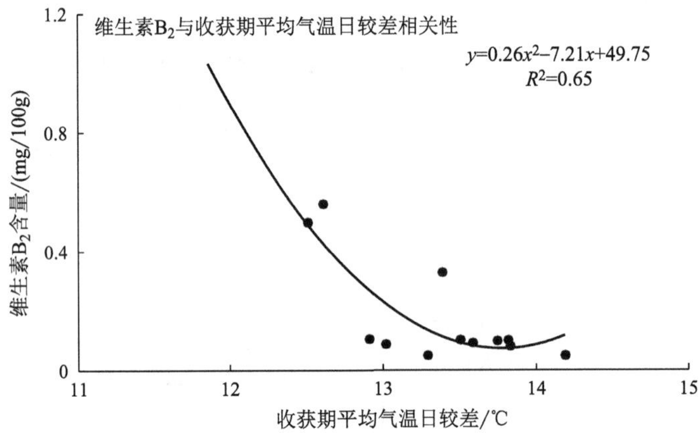

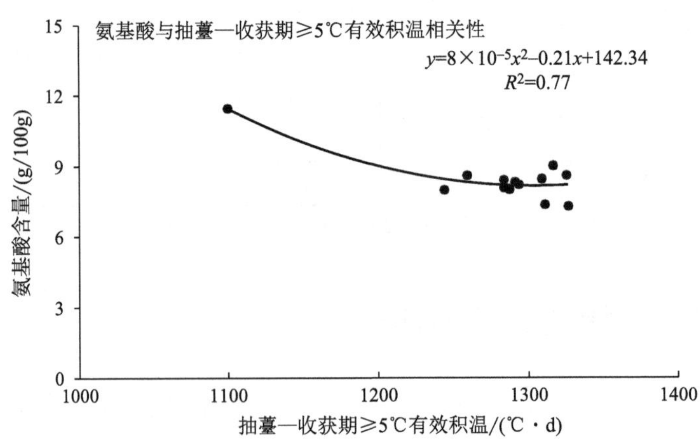

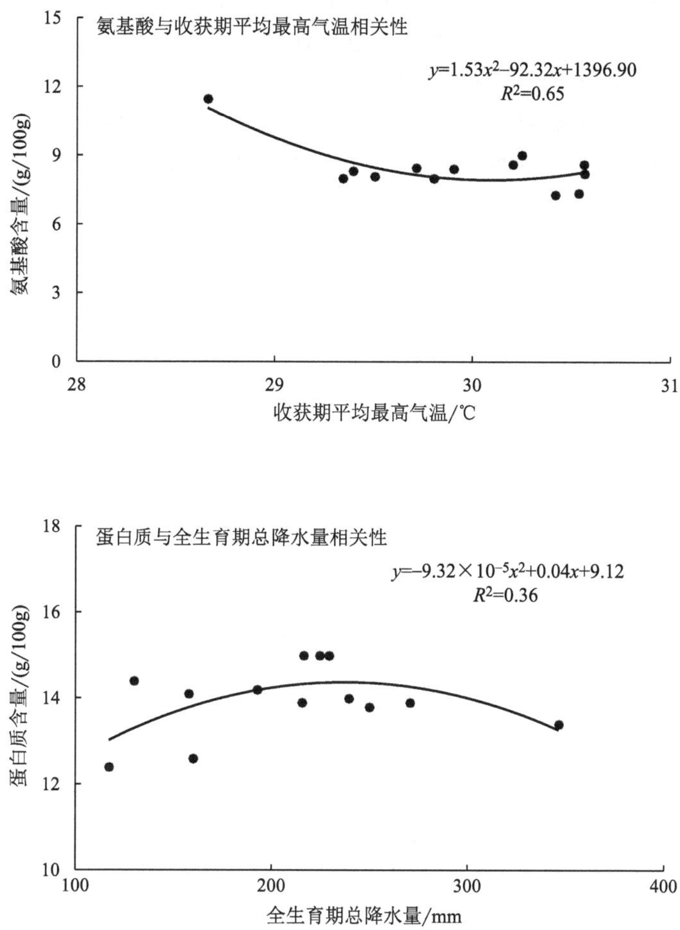

图 3.2　黄花相关性分析

3.6　大同黄花优质品质与气象、地域的相关模型

选取大同 8 个国家站和 10 个云州区区域站点气象资料对黄花全生育期及生育关键时期的关键气象因子，并引入对黄花生长影响较大的地形因子作为协变量，进行插值，发现大同市插值效果较好，结果可信。

具体模型如下：

$$I_{CQ} = \sum_{i=1}^{n} a_i L_i + b_i M_i + c_i N_i$$

式中：I_{CQ} 为品质指数；n 为适宜度评估指标的数量；a_i 为钾(110 mg/kg)、磷(14 mg/kg)条件下温度评估指标的权重；b_i 为气象评估指标的权重；c_i 为生化评估指标的权重；L_i 为钾(110 mg/kg)、磷(14 mg/kg)条件下温度评估指标的适宜度；M_i 为气象评估指标的适宜度；N_i 为生化评估指标的适宜度。

确定了大同黄花关键气象因子及权重后，对大同黄花进行适宜性评价，得到大同黄花适宜性区划结果，结果表明，大同黄花以云州区及周边主要区域作为大同黄花的主要气候适宜区。

第 4 章 大同黄花主产区高影响天气分析

近年来，极端天气逐渐增多，气象灾害频发，对农业生产造成的影响尤为严重。

4.1 农业气象灾害

4.1.1 概念

农作物生长发育需要一定的气象条件，当气象条件不能达到要求时，作物的生长和成熟就会受到影响。由于不利的气象条件造成的农作物减产歉收，称为农业气象灾害。例如寒潮、倒春寒等，在气象上是一种天气气候现象或过程，不一定造成灾害，但当它们威胁到农作物的生长发育时，会造成冻害、霜冻、春季低温冷害等农业气象灾害。

4.1.2 种类

冷害：指在作物生长季节内，当温度低于作物当时生长阶段的下限温度时（不一定为 0 ℃），作物的生长受到妨碍，严重时可使作物某些组织受到严重伤害，从而导致严重减产。

霜冻：指在温暖时期内，大气温度迅速降低到足以引起作物遭受损伤或者死亡的短时间内的低温冻害（通常在 0 ℃或 0 ℃以下）。0 ℃以下的低温使作物细胞间隙的水形成冰晶，导致细胞脱水，同时形成的冰晶增大会破坏作物细胞，对作物造成损伤。

干旱：指在农业水平不高的地区，由于长期无雨或少雨导致土壤缺水、空气干燥，致使作物缺水，影响正常生长发育而减产的农业气象灾害。干旱使作物体内水分缺失呈现萎蔫（暂时萎蔫或永久萎蔫）并遭受一系列伤害。

洪涝：指降水时间过长、过于集中对作物造成的伤害。

干热风：指引起作物大量蒸腾作用的综合天气现象（温度高、湿度低、风速大的旱风），在农业水平不高的地区短时间内会带来很大损失。

冰雹：由强对流天气系统引起的一种剧烈的气象灾害。春季处于苗期的农作物恢复能力强，遭灾后能恢复生长；夏、秋两季农作物遭雹灾后，农作物叶碎秆折，花穗被毁，籽粒脱落，严重的颗粒无收。

4.1.3 防范措施

(1)发展水利灌溉、平整土地、改良土壤等农田基本建设，提高抗灾能力；

(2)营造农田防护林，有效防御干旱、高温热害和干热风；

(3)根据地区农业气象灾害的发生规律，特别是其季节分布特点，进行作物和品种布局；根据因时、因地制宜的原则，推行防灾抗灾的农业技术措施，以减轻或避免灾害损失，如适时播种、土壤耕作、合理灌溉、以水调温、增施肥料、改良土壤结构、灾前抢收、灾后补救等；

(4)喷洒抗旱剂、增温剂、萘乙酸、乙烯利等化学药剂，可以减轻干旱、干热风、低温冷害的危害；

(5)建立不同地区防灾抗灾、稳产增产的农业技术体系，从农业系统的整体着手提高抗灾能力，做到有灾防灾，无灾增产。

4.2 高影响天气

高影响天气是指影响人们生活质量，给经济带来严重影响、威胁生命并引起社会公众高度关注的天气现象(张永涛 等，2021)，如对流性和地形降水造成的洪水、暴雨雪、沙尘暴、破坏性地面大风等，也包括高温、冷害、干旱、影响空气质量的气候条件以及具有高度社会和经济影响的非极端天气等。高影响天气事件的发生是小概率事件，但风险很高，其后果可能是灾难性的。将强降水、高温、低温、大风、暴雪、寒潮、干旱确定为黄花种植园区的高影响天气。本章利用云州区气象站资料对高影响天气的特征进行分析，并根据云州区的气候特征、地理环境和地形地貌、高影响天气的致灾情况，提出相应的防御措施。

4.3 黄花种植园区高影响天气分析

4.3.1 强降水

4.3.1.1 强降水等级的划分

日降水量特指08—08时(北京时，简记为BST，下同)的24 h降水量，12 h降水量指08—20时、20时—次日08时的12 h降水量。

强降水一般可划分为以下5个等级，具体为：

G0：某一区域内出现10站或10站以上的24 h(12 h)降水量达25.0 mm(15.0 mm)的降水。

G1:某一区域内出现10站或10站以上的24 h(12 h)降水量达50.0 mm(30.0 mm)的降水。

G2:某一区域内出现7站或7站以上的24 h(12 h)降水量达100.0 mm(70.0 mm)的降水。

G3:某一区域内出现5站或5站以上的24 h(12 h)降水量达200.0 mm(130.0 mm)的降水。

G4:某一区域内出现4站或4站以上的24 h(12 h)降水量达300.0 mm(180.0 mm)的降水。

我国西部等地区由于降水偏少,防灾能力脆弱,因此,在建立入库标准时可以根据需要,参照上述降水强度的划分方法,可增加15.0 mm/24 h或8.0 mm/12 h。

4.3.1.2　暴雨和强降水的关系

在我国,气象上将24 h降水量为50 mm或以上的雨称为暴雨。所以强降水不一定是暴雨,但暴雨必然是强降水。当某一地区连降暴雨时,可能会导致山洪地质灾害,房屋被冲塌,农田被淹没,交通和通信中断,给国民经济和人民的生命财产带来严重危害,特别是对于一些地势低洼、地形闭塞的地区,雨水不能迅速宣泄造成农田积水和土壤水分过度饱和,会造成更多的地质灾害。本章中强降水主要指暴雨级别的强降水。

(1)暴雨日数

单站暴雨日:一般情况下,以单个国家级气象观测站24 h内降雨量≥50 mm的降雨日为单站暴雨日。

云州区累年(1978—2020年)平均暴雨日数为0.23 d,过去43 a共出现暴雨10 d,年际变化在0 d(有35 a未出现暴雨日)~2 d(1981年和2013年)(图4.1)。

(2)暴雨过程

单站暴雨过程:单站暴雨日持续天数≥1 d的或者间断日仅1 d且出现中雨以上降水过程。

1978—2020年,云州区共出现10次暴雨过程。1981年和2013年暴雨过程出现最多,为2次;1978年、1992年、1999年、2000年、2010年、2012年为1次;其余年份均未出现暴雨过程(图4.1)。

① 最大小时降水量

1978—2020年,云州区暴雨过程最大小时降水量平均为22.48 mm。最大值为50.28 mm,出现在1981年7月28日;最小值为9.39 mm,出现在1984年8月12日。

② 日最大降水量

日最大降水量是指一年中出现的一日最大降水量。云州区1978—2020年逐年日最大降水量年际变化见图4.2,暴雨过程日最大降水量平均为39.82 mm。最大值

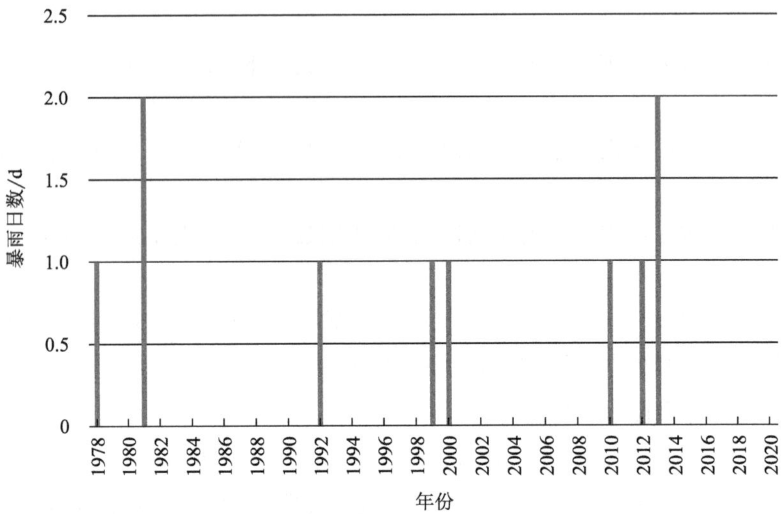

图 4.1 云州区 1978—2020 年暴雨(日降水量≥50 mm)日数历年变化

出现在 2013 年 7 月 1 日,降水量为 73.9 mm;最小值出现在 1986 年 6 月 26 日,降水量为 21.2 mm。暴雨级别的降水主要集中在 6—9 月。

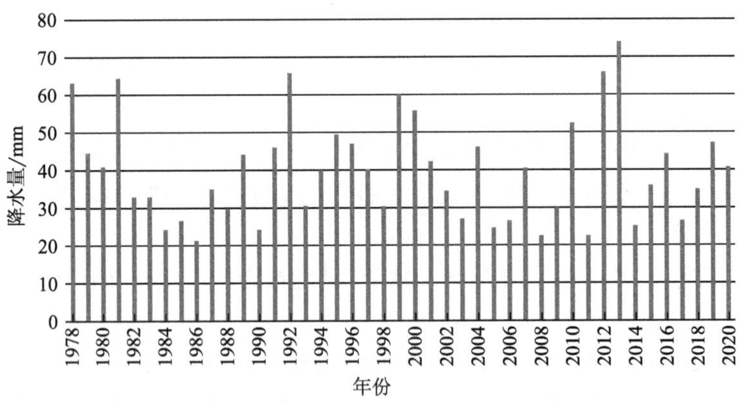

图 4.2 云州区 1978—2020 年日最大降水量历年变化

③ 过程累积降水量

1978—2020 年,暴雨过程累积降水量平均为 58.9 mm。

④ 暴雨持续天数

1978—2020 年,暴雨持续天数平均为 0.23 d。持续天数最多为 2 d。云州区暴雨出现在 6—10 月,平均出现最多的月份为 7 月,8 月次之,11 月至次年 3 月暴雨日数均为 0 d。

4.3.1.3　暴雨致灾危险性评估与区划方法

(1)致灾因子

致灾因子筛选：选择以下4个指标来表达单站暴雨过程强度：最大小时降水量I_{1pre}，即整个暴雨过程中的小时降水量最大值；最大日降水量I_{24pre}，即整个暴雨过程中的日降水量最大值；过程累积降水量I_{pre}，即整个暴雨过程的累积降水量；暴雨持续天数I_{day}，即暴雨过程的开始日至结束日总天数。

对各评价指标进行归一化处理，采用信息熵赋权法确定权重，加权求和得到暴雨过程强度指数。

单站暴雨过程强度指数的计算见下式：

$$I_R = A \times I_{1pre} + B \times I_{24pre} + C \times I_{pre} + D \times I_{day}$$

式中：I_R为单站暴雨过程强度指数；I_{1pre}、I_{24pre}、I_{pre}和I_{day}分别为归一化处理的4个评估指标数值；A、B、C、D为权重系数。权重系数采用信息熵赋权法。累加当年逐场暴雨过程强度值，得到年雨涝指数。以30 a以上的年雨涝指数序列为样本，用于风险评估与分区。

(2)孕灾环境

致灾危险性评估主要考虑暴雨事件和孕灾环境，由年雨涝指数和暴雨孕灾环境影响两部分组成。

暴雨孕灾环境指暴雨影响下，对形成洪涝、泥石流、滑坡、城市内涝等次生灾害起作用的自然环境。它对暴雨成灾危险性起扩大或缩小作用，主要考虑地形、河网水系、地质灾害易发条件等，具体计算方法可以参考DB33/T 2025—2017。

① 地形影响系数

将山区和平原的地形因子取最大值作为地形因子影响系数。

地形因子影响系数计算：以评估点为中心，计算评估点与若干邻近点的高程标准差S_h，计算公式如下：

$$S_h = \sqrt{\frac{\sum_{j=1}^{n}(h_j - h)^2}{n}}$$

式中：S_h为高程标准差；h_j为邻近点海拔高度，单位为m；h为评估点海拔高度，单位为m；n为邻近点的个数。

根据高程标准差S_h及海拔高度，确定地形因子影响系数。地势越低、地形变化越小的平坦地区不利于洪水的排泄，容易形成涝灾。地势越高、地形起伏越大的山区越容易引发山洪。

② 水系因子影响系数

水网密度指单位面积内河流水网的总长度，水网密度反映了一定区域河流的密集程度，计算公式如下：

$$S_r = \frac{l_r}{a}$$

式中：S_r 为水网密度，单位为 1/km；l_r 为水网长度，单位为 km；a 为区域面积，单位为 km^2。根据水网密度，确定水系因子影响系数。

③ 暴雨孕灾环境影响系数

暴雨孕灾环境影响系数计算公式如下：

$$I_e = -c + 2c\left(\frac{I_k - I_{k\_min}}{I_{k\_max} - I_{k\_min}}\right)$$

$$I_k = w_h P_h + w_r P_r + w_d P_d$$

式中：I_e 为暴雨孕灾环境影响系数；I_{k_min} 为同区域内暴雨孕灾环境指数最小值；I_{k_max} 为同区域内暴雨孕灾环境指数最大值；c 为常数，取值范围 0.2～0.4；I_k 为暴雨孕灾环境指数；P_h 为地形因子影响系数的归一化值；P_r 为水系因子影响系数的归一化值；P_d 为地质灾害易发条件权重系数的归一化值；w_h 为地形因子权重系数；w_r 为水系因子权重系数；w_d 为地质灾害易发条件因子权重系数。

(3)危险性评估与区划

基于雨涝指数和孕灾环境系数开展危险性评估：

$$H' = (1 + I_e) \times \overline{I}_R$$

式中：H' 为致灾危险性指数；$\overline{I}_R$ 为年雨涝指数多年均值。

基于致灾危险性指数，综合考虑行政区划，采用百分位等方法对致灾危险性进行空间单元的划分，共分为低、较低、较高和高 4 个风险等级（图 4.3）。

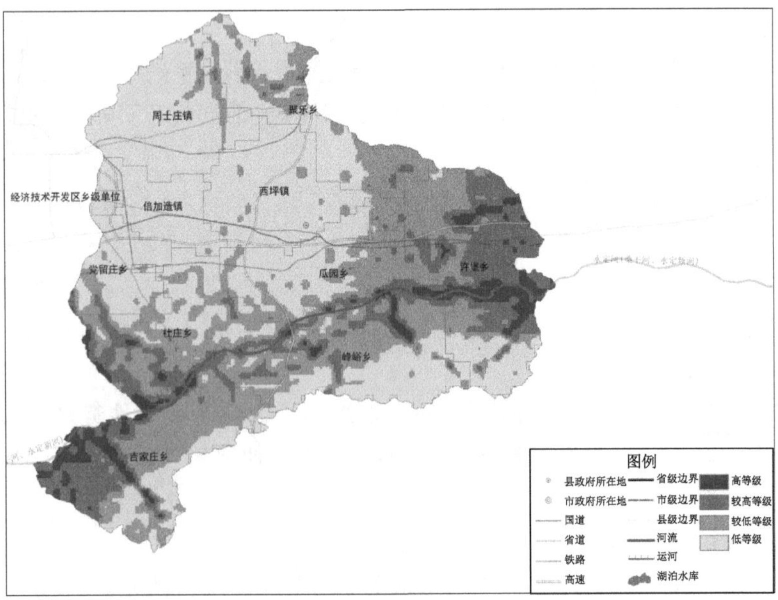

图 4.3　大同市云冈区暴雨灾害危险性等级图

4.3.2　冰雹

4.3.2.1　术语和定义

冰雹:坚硬的球状、锥形或不规则固体降水物。

最大冰雹直径:一次降雹过程中观测到的最大冰雹的最大直径。

降雹持续时间:从降雹开始至终止的持续时间。

降雹时极大风速:降雹过程中出现的最大瞬时风速值。

4.3.2.2　冰雹日数

1978—2020 年,云州区冰雹日数平均为 2 d。冰雹日数最多 7 d,出现在 1985 年,最少为 0 d,出现在 1998 年、2005 年、2009 年、2011 年、2012 年、2017 年、2018 年(图 4.4)。

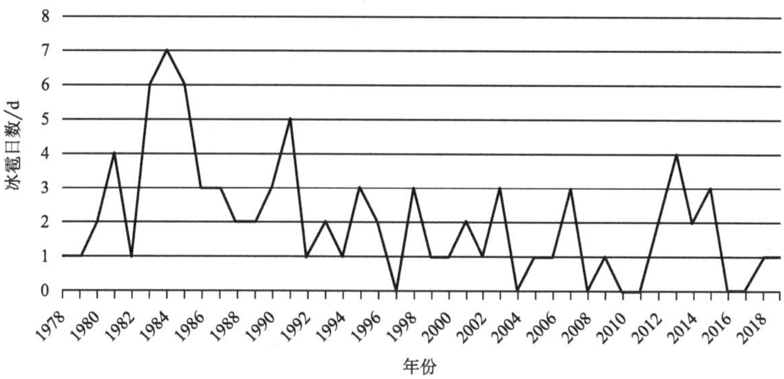

图 4.4　云州区 1978—2020 年冰雹日数历年变化

4.3.2.3　冰雹过程

1978—2020 年共出现 36 次冰雹过程。其中以 1985 年出现次数最多,为 7 次。

4.3.2.4　冰雹致灾危险性评估与区划方法

当评估区域内收集的同时具备最大冰雹直径、降雹持续时间、降雹时极大风速和用于构建灾损指数的要素样本少于 30 个时,直接选用最大冰雹直径、降雹持续时间和雹日作为致灾因子。通过权重求和的方法得到冰雹危险性评估指数(VE)。

$$\mathrm{VE}=W_D X_D+W_T X_T+W_R X_R$$

式中:X_D 为最大冰雹直径样本平均值;X_T 为降雹持续时间样本平均值;X_R 为雹日(或降雹频次)样本累计值;W_D、W_T、W_R 分别为 3 个因子的权重,采取层次分析法、信息熵权法等方法赋值。计算前各因子应先在评估区域空间范围内进行归一化处理。

当用雹日计算危险性评估指数时,对于一个雹日有多次降雹的情况,致灾因子取一个雹日当中的最大值;当用降雹频次计算危险性评估指数时,各致灾因子取过程值。

基于致灾危险性指数，综合考虑行政区划，对致灾危险性进行空间单元的划分，共分为低、较低、较高和高 4 个风险等级(图 4.5)。

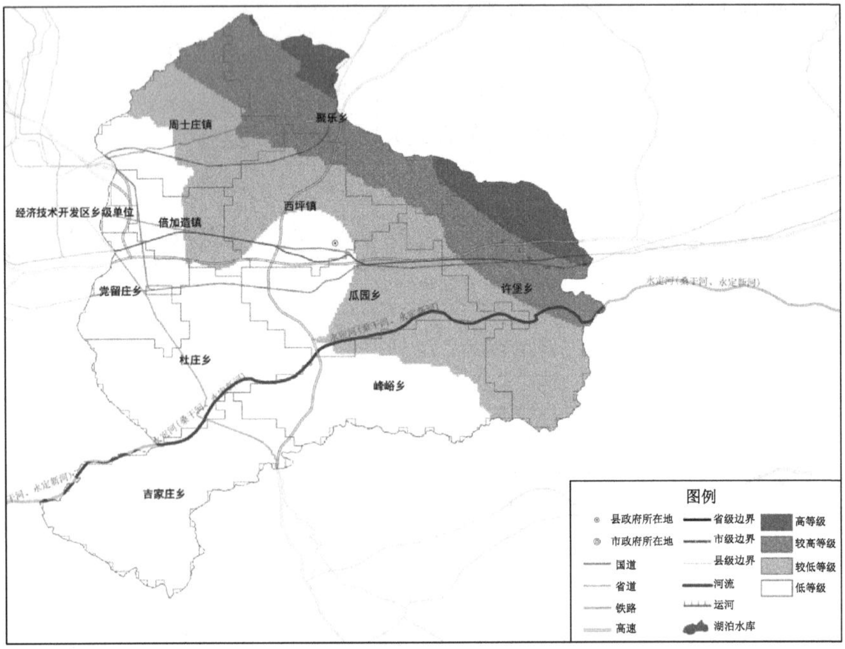

图 4.5　大同市云冈区冰雹灾害危险性等级图

4.3.3　高温

高温对人们日常生活和健康以及国民经济各部门都有一定的影响。高温天气使人体感到不适，中暑、患肠道疾病和心脑血管等病症的发病率增多；因用于防暑降温的水电需求量猛增，造成水电供应紧张；旅游、交通、建筑等行业也会受到不同程度的影响。同时，高温也加剧了土壤水分蒸发和作物蒸腾作用，高温少雨同时出现时，会造成土壤失墒严重，加速旱情的发展，给农业生产造成较大影响。

4.3.3.1　术语和定义

高温：日最高气温达到或超过 35 ℃以上的天气现象。

高温过程：为了突出持续时间对高温过程的影响，将连续 3 d 及以上最高气温≥35 ℃作为一个高温过程。

高温灾害：主要表现为气温太高而引起的人类、动植物不能适应的现象。

高温灾害风险：指高温灾害对人类、经济、农业等承灾体造成影响和危害的可能性。

4.3.3.2　高温日数

1978—2020 年,云州区多年平均高温日数为 1.4 d,如图 4.6 所示,最多为 7 d,出现在 1999 年。

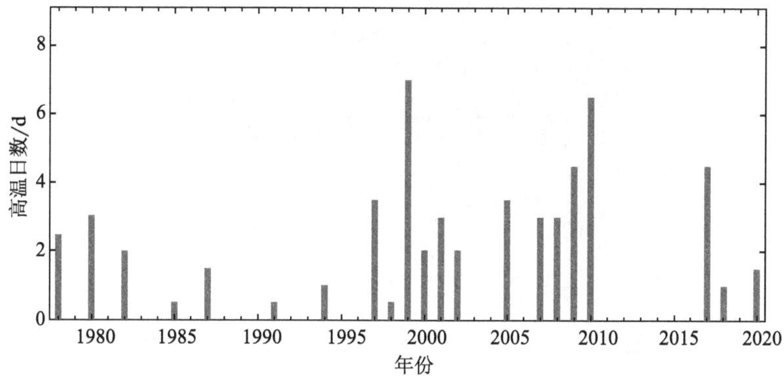

图 4.6　云州区 1978—2020 年高温日数历年变化

4.3.3.3　高温过程

1978—2020 年共出现 6 次高温过程,高温天气主要发生在 5—9 月,其中 7 月平均高温日数最多。

过程持续时间最长为 7 d,出现在 1999 年。高温过程平均气温为 36.34 ℃,平均最高气温为 37.37 ℃,出现在 2005 年 6 月 21—23 日。高温过程极端最高气温为 39.9 ℃,出现在 2010 年 7 月 28—30 日。

4.3.3.4　高温致灾危险性评估与区划方法

(1)致灾因子

高温灾害致灾因子,包括高温过程持续时间和高温强度。高温强度可选取高温过程平均气温、过程极端最高气温等。高温过程持续时间,指每次高温过程高温的持续时间;高温过程平均气温,指每次高温过程日平均气温的最大值;高温过程极端最高气温,指每次高温过程日最高气温的最大值。

(2)危险性评估与区划

基于加权求和方法计算高温危险性指数:

$$H' = A \times T_{day} + B \times T_{max} + C \times T_{avg}$$

式中:H' 为高温危险性指数;T_{day} 为高温过程持续时间的归一化值;T_{max} 为高温过程极端最高气温的归一化值;T_{avg} 为高温过程平均气温的归一化值;A、B、C 为权重系数,可直接赋值或采用信息熵权法。

基于致灾危险性指数,综合考虑行政区划,对致灾危险性进行空间单元的划分,共分为低、较低、较高和高 4 个风险等级(图 4.7)。

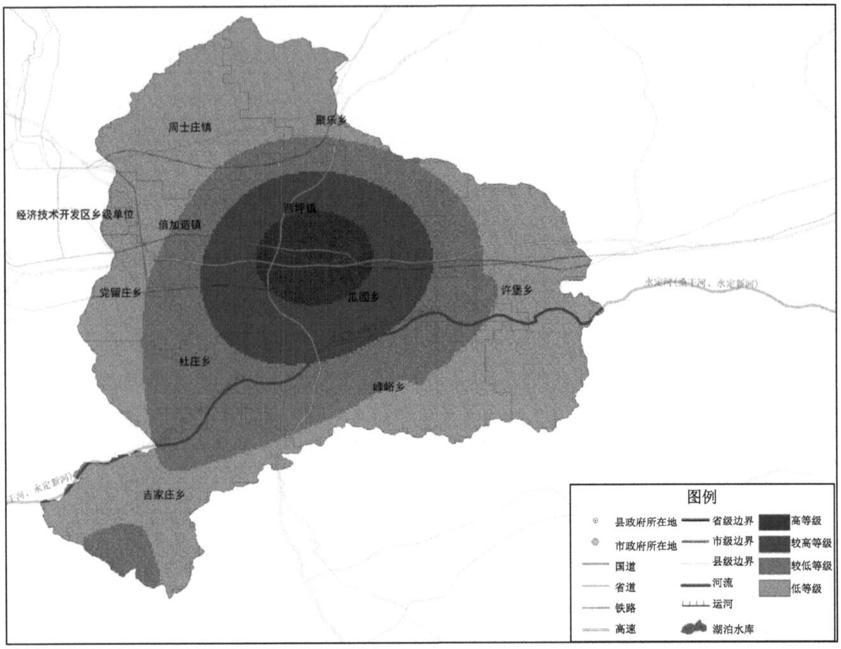

图 4.7　大同市云冈区高温灾害危险性等级图

4.3.4　低温

4.3.4.1　术语和定义

低温灾害：指因冷空气异常活动等原因造成剧烈降温以及冻雨、冰(霜)冻所造成的灾害事件。造成低温灾害的主要天气过程有寒潮等冷空气活动。

寒潮：指来自高纬度地区的寒冷空气，在特定的天气形势下迅速加强并向中低纬度地区侵入，造成沿途地区出现剧烈降温、大风和雨雪天气。

寒潮标准：24 h 气温下降 8 ℃(含)以上，或 48 h 气温下降 10 ℃(含)以上，或 72 h 气温下降 12 ℃(含)以上，同时最低气温低于 4 ℃(含)。

寒潮发生频率：指某一时间段寒潮发生次数占总次数的百分比。

寒潮天气危害：

(1)由于寒潮带来的降温幅度较大，通常超过农作物的耐寒能力，使农作物发生冻害；

(2)寒潮引发的冻雨会使输电和通信线路上积满雨凇，输电和通信线路积冰后，遇冷收缩，加上风吹引起的震荡和雨凇重量的影响，线路会不胜重荷而被压断；

(3)寒潮伴随的大风、雨雪和降温天气会造成低能见度、地表结冰和路面积雪等现象，对公路、铁路交通安全带来较大的威胁。

寒潮天气的影响广泛，造成的灾害也比较严重和多样化，因此，我们应该对寒潮天气和灾害给予足够重视，以便提前预报并及时采取防御措施，减轻和避免灾害损失。

低温灾害种类：冷空气（寒潮）、霜冻、低温阴雨寡照、冰冻 4 类。

严重冻害发生时间：1968 年、1975 年、1982 年，因冻害死苗毁种面积达 20%以上。

低温的风险：低温对电池、电缆、继电器、电磁开关、电路板及其电子元器件（电容、电阻、芯片等）均有影响，在低温环境下，超出其工作温度范围时，可能会导致各种器件无法工作，并影响其使用寿命。

低温灾害风险：指低温灾害活动对人类、经济、农业等承灾体造成影响和危害的可能性。

4.3.4.2　冷空气

1978—2020 年，云州区冷空气过程历年变化如图 4.8 所示，出现最多的年份是 2016 年，出现最少的是 2003 年。

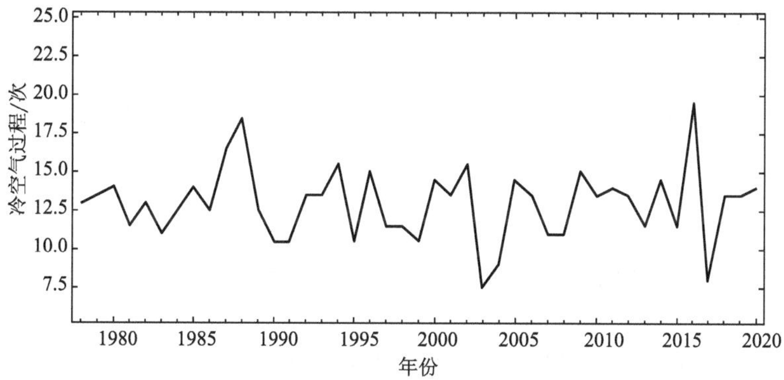

图 4.8　云州区 1978—2020 年冷空气过程历年变化

4.3.4.3　霜冻

1978—2020 年，云州区霜冻日数如图 4.9 所示，最多日数出现在 1995 年；最少日数出现在 2020 年。

1978—2020 年，云州区霜冻期平均气温如图 4.10 所示，过程平均气温最高值出现在 2013 年；最低值出现在 1999 年。

1978—2020 年，云州区霜冻期平均最低气温如图 4.11 所示；最高值出现在 1997 年；最低值出现在 2020 年。

4.3.4.4　低温阴雨寡照

1978—2020 年，云州区出现低温阴雨寡照过程如图 4.12 所示，1991 年最多；1999 年和 2004 年最少。

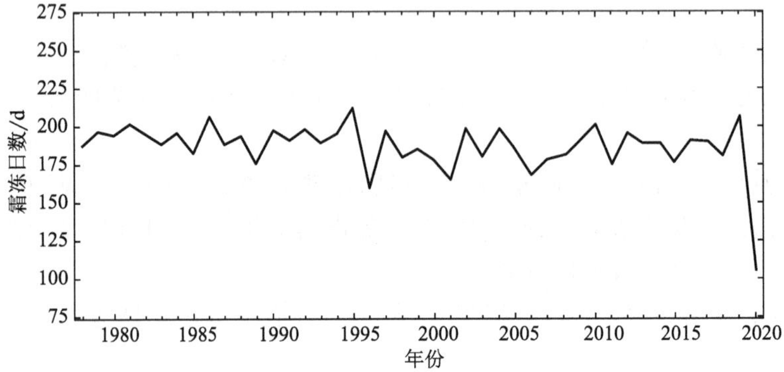

图 4.9　云州区 1978—2020 年霜冻日数历年变化

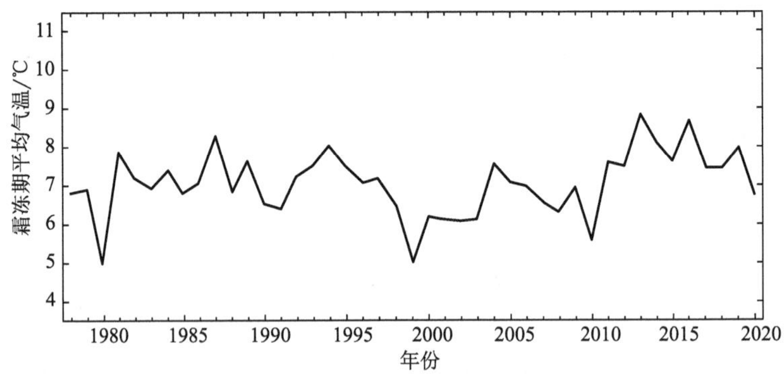

图 4.10　云州区 1978—2020 年霜冻期平均气温历年变化

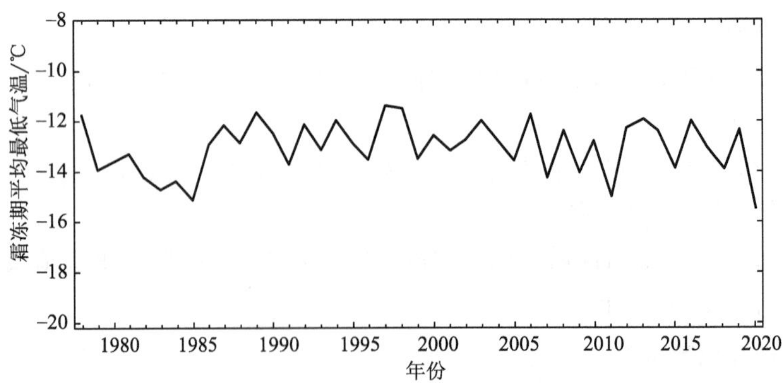

图 4.11　云州区 1978—2020 年霜冻期平均最低气温历年变化

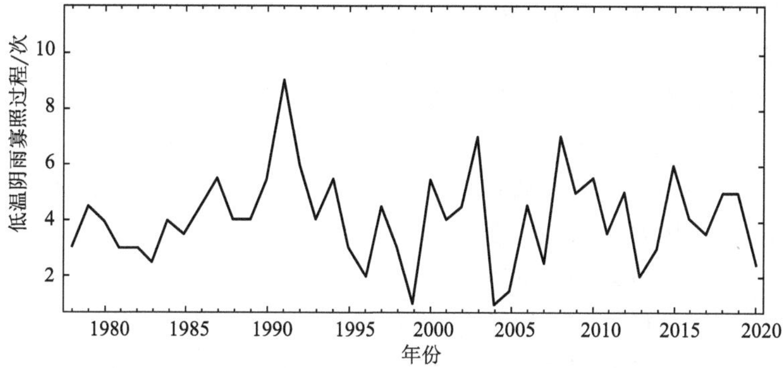

图 4.12 云州区 1978—2020 年低温阴雨寡照过程历年变化

4.3.4.5 冰冻

1978—2020 年，云州区共出现冰冻过程如图 4.13 所示，1991 年出现最多。

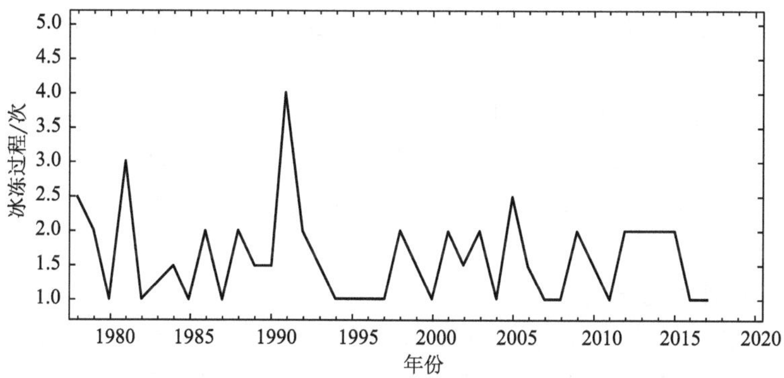

图 4.13 云州区 1978—2020 年冰冻过程历年变化

4.3.4.6 致灾危险性评估与区划方法

(1)致灾因子

低温灾害涉及冷空气(寒潮)、霜冻、低温阴雨寡照、冰冻 4 类。各类低温灾害识别标准如下：

冷空气：冷空气过程识别方法依据《冷空气过程监测指标》(QX/T 393—2017)，单站出现中等强度冷空气(48 h 降温幅度≥6 ℃且<8 ℃)，持续 2 d 及以上，判定为出现一次冷空气过程。

霜冻：日最低气温≤2 ℃作为霜冻指标。满足霜冻指标判定条件的首日为霜冻过程开始日。

低温阴雨寡照：日平均气温<12 ℃，持续 3 d 及以上，过程平均日照时数<3 h 为一次低温阴雨寡照过程。

冰冻：日平均气温≤1 ℃、日最低气温≤0 ℃、有降水(降水量>0.1 mm)三者同日出现，持续≥3 d时段，定为一次冰冻天气过程。

(2)计算公式

冷空气(寒潮)危险性指数计算公式如下：

$$H_{\text{cold}} = A \times D_{\text{cold}} + B \times \Delta T_{\max} + C \times \text{ET}_{\min}$$

式中：H_{cold} 为冷空气(寒潮)危险性指数；D_{cold}、$\Delta T_{\max}$、$\text{ET}_{\min}$ 分别是归一化后的 3 个致灾因子指数；A、B、C 为权重系数。

霜冻危险性指数计算公式如下：

$$H_{\text{frost}} = A \times D_{\text{frost}} + B \times T_{\text{ave}} + C \times \text{AT}_{\min}$$

式中：H_{frost} 为霜冻危险性指数；D_{frost}、T_{ave}、$AT_{\min}$ 分别是归一化后的 3 个致灾因子指数；A、B、C 为权重系数。

低温阴雨寡照危险性指数计算公式如下：

$$H_{\text{lowT}} = A \times D_{\text{lowT}} + B \times \text{PAS} + C \times T_{\text{ave}} + D \times \text{PAP}$$

式中：H_{lowT} 为低温阴雨寡照危险性指数；D_{lowT}、PAS、T_{ave}、PAP 分别是归一化后的 4 个致灾因子指数；A、B、C、D 为权重系数。各省(区、市)可结合实际情况选择不同致灾因子。

冰冻危险性指数计算公式如下：

$$H_{\text{frozen}} = A \times D_{\text{frozen}} + B \times T_{\text{ave}} + C \times \text{AT}_{\min} + D \times \text{PAP}$$

式中：H_{frozen} 为冰冻危险性指数；D_{frozen}、T_{ave}、$\text{AT}_{\min}$、PAP 分别是归一化后的 4 个致灾因子指数；A、B、C、D 为权重系数。

(3)危险性评估与区划

低温灾害涉及冷空气(寒潮)、霜冻、低温阴雨寡照、冰冻等，先计算各低温灾害危险性指数。然后将各低温灾害危险性指数加权求和得到低温灾害危险性指数。

$$H = \sum_{i=1}^{N} \alpha_i \times X_i$$

式中：H 为低温灾害危险性指数；X_i 为第 i 种低温灾害(如冷空气、霜冻、低温阴雨寡照、冰冻等)危险性指数值；N 为低温灾害种类；α_i 为第 i 种低温灾害权重系数，可由信息熵权法等获得。

基于致灾危险性指数，综合考虑行政区划，对致灾危险性进行空间单元的划分，共分为低、较低、较高和高 4 个风险等级(图 4.14)。

4.3.5 大风

4.3.5.1 术语和定义

大风：由非台风天气系统导致发生的日极大风速达 17.2 m/s(八级)及以上的风。

大风灾害：大风导致人员伤亡和经济以及行业(如农业、渔业、城市建设、交通和电力等)受损的灾害。

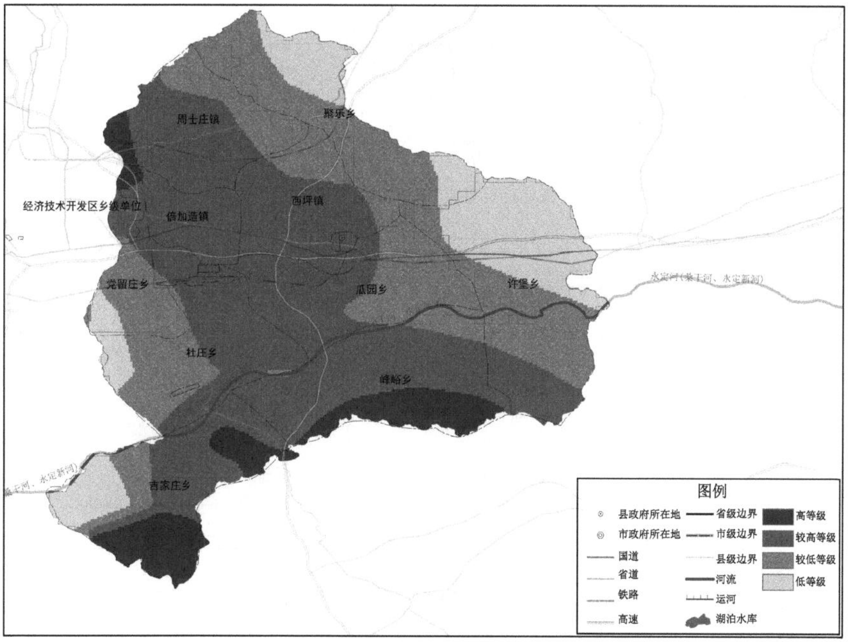

图 4.14　大同市云州区低温灾害危险性等级图

大风灾害四季均有，频率高、范围广、灾情重，冬春秋季主要以寒潮大风为主，还伴有剧烈的降温；夏季大风多为对流天气造成的雷暴大风。大风对城市高层建筑、电力设施、交通运输及人民生活都会造成很大的影响，各类危旧房、工棚、临时建筑、围墙、广告牌、游乐设施以及建筑施工中的吊机、电梯、脚手架等在强风中易被刮倒或刮断，造成人员伤亡。在冬春季节，大风天气常常对农作物和人们生产生活造成较大的影响。

大风灾害风险：指大风灾害对人类、经济、农业等承灾体造成影响和危害的可能性。

大风致灾因子考虑大风日数、最大风速、极大风速。

4.3.5.2　大风日数

1978—2020 年，云州区大风日数如图 4.15 所示，平均为 28.23 d，其中，最大值出现在 1996 年为 55 d。

4.3.5.3　最大风速

1984—2020 年，云州区年最大风速年际变化如图 4.16 所示，平均为 16.54 m/s。最大风速呈减小的趋势。年最大风速最大值出现在 1987 年，为 20.3 m/s；最小值出现在 2019 年，为 12 m/s。

4.3.5.4　极大风速

2005—2020 年，云州区年极大风速历年变化如图 4.17 所示，平均为 23.5 m/s。

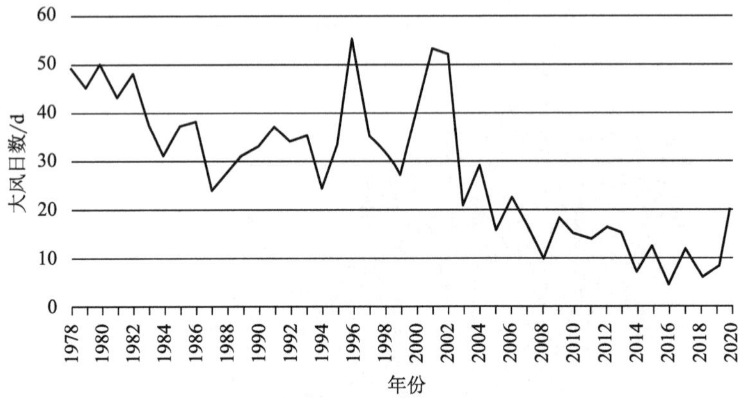

图 4.15　云州区 1978—2020 年大风日数历年变化

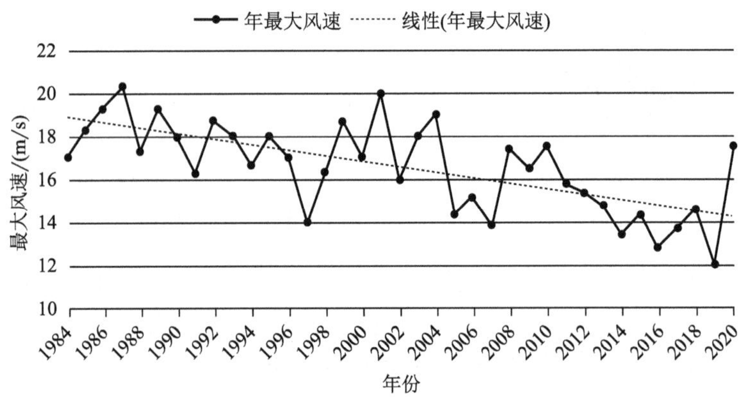

图 4.16　云州区 1984—2020 年最大风速历年变化

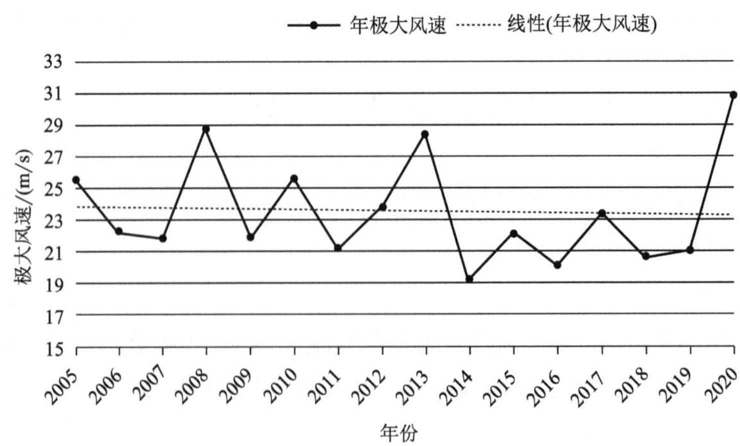

图 4.17　云州区 2005—2020 年极大风速历年变化(1978—2004 年缺测)

极大风速呈减小的趋势。年极大风速最大值出现在2020年，为30.7 m/s；最小值出现在2014年，为19.3 m/s。

4.3.5.5　致灾危险性评估与区划方法

选择发生大风的年平均次数（频次，d/a）和极大风速大小（强度，m/s）作为大风灾害致灾因子基于加权求和法计算大风灾害危险性指数（H）。

H 可表示为

$$H = W_G \times G + W_P \times P$$

式中：G 为大风强度；P 为大风频次；W_G 和 W_P 为各自的权重，采用信息熵赋权法对归一化处理后的大风频次和强度分别赋予权重。

基于致灾危险性指数，综合考虑行政区划，对致灾危险性进行空间单元的划分，共分为低、较低、较高和高4个风险等级（图4.18）。

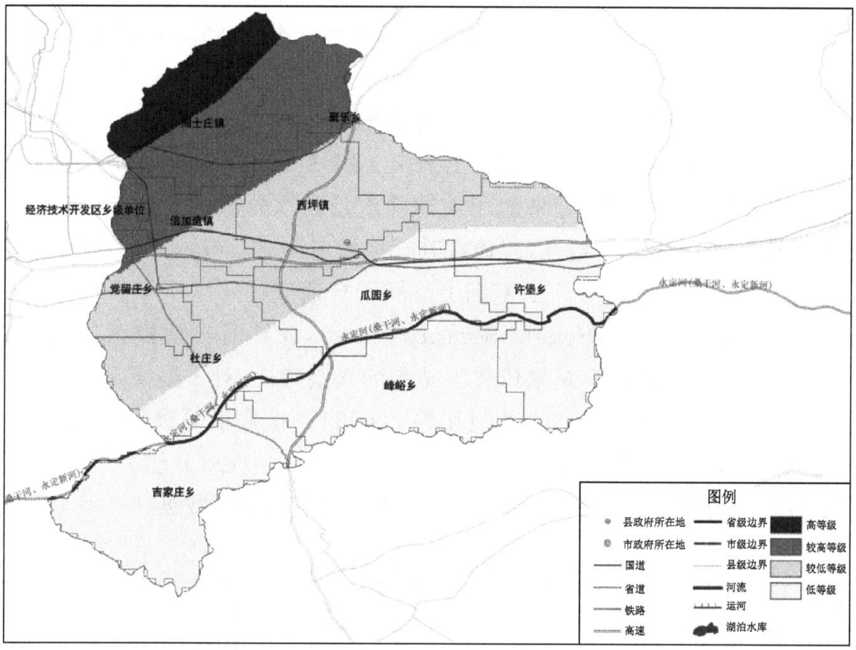

图4.18　大同市云州区大风灾害危险性等级图

4.3.6　干旱

4.3.6.1　术语和定义

干旱：指长期无雨或少雨，使土壤水分不足、作物水分平衡遭到破坏而减产的农业气象灾害。干旱可分为土壤干旱、气象干旱和生理干旱等类型。

土壤干旱：由于土壤缺水，植物根系吸收不到足够的水分去补偿蒸腾的消耗所造成的危害。

气象干旱:空气中因水分稀少而干燥,经常伴有一定的风力,虽然土壤并不缺水,但由于强烈的蒸腾,使植株供水不足而形成的危害(王秀英 等,2021)。

生理干旱:不良的土壤环境条件使作物生理过程发生障碍,导致植株水分平衡失调所造成的损害。这类不良的条件包括土壤温度过高或过低、土壤通气不良、土壤溶液浓度过高以及土壤中积累某些有毒的化学物质等。

气象干旱综合指数(MCI):综合考虑前期不同时段降水量和蒸散对当前干旱的影响而构建的一种干旱指数。

干旱过程:单站或某一区域范围内持续一定时间的干旱。

干旱灾害风险:干旱对人类、经济、农业等承灾体可能造成的损失。

干旱对作物危害程度与其发生的季节和作物的种类、品种、生育期有关。春季干旱影响春播,或造成春播作物缺苗断垄,并影响越冬作物的正常生长。秋旱影响秋作物的产量及越冬作物的播种。伏旱和秋旱都会使土壤的底墒不足而加剧翌年的春旱。

干旱指标是干旱监测的基本手段,其中帕尔默干旱强度指数(PDSI,Palmer Drought Severity Index)具有尤为重要的意义。PDSI 综合考虑了水分平衡的各个要素(温度、降水、土壤类型等),并考虑了前期降水量和水分供求对后期的影响。但该指数最初应用于美国半干旱地区,因而在其他区域应用时具有一定的局限性(宋琳琳 等,2021)。后来有学者在 PDSI 的基础上发展了自适应帕尔默干旱强度指数(scPDSI,self-calibrating Palmer Drought Severity Index),计算时自动校正各站点的持续因子和气候权重因子,使计算结果依赖于站点的气候特征,对干湿情况有不同的敏感性,一定程度上提高了空间可比性及适用性。scPDSI 指数值等级划分见表 4.1。本章中使用的 scPDSI 指数的月数据来源于英国大气科学中心,分辨率为 0.5°×0.5°,通过双线性插值将格点内插到云州区经纬度中得到本章中的数据。

表 4.1 scPDSI 指数值等级划分

scPDSI 指数值	等级	scPDSI 指数值	等级	scPDSI 指数值	等级
≥4.00	极端湿润	1.00～1.99	轻微湿润	−2.99～ −2.00	中等干旱
3.00～3.99	严重湿润	−0.99～0.99	正常	−3.99～ −3.00	严重干旱
2.00～2.99	中等湿润	−1.99～ −1.00	轻微干旱	≤−4.00	极端干旱

4.3.6.2 干旱日数

1978—2020 年,云州区中旱及以上日数如图 4.19 所示,其中以 1998 年出现的最多;1979 年无中旱。

1978—2020 年,云州区重旱及以上日数如图 4.20 所示,1998 年出现最多。

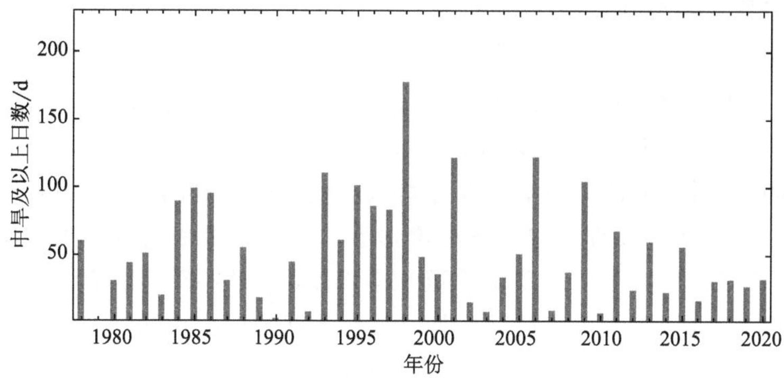

图 4.19　云州区 1978—2020 年中旱及以上日数历年变化

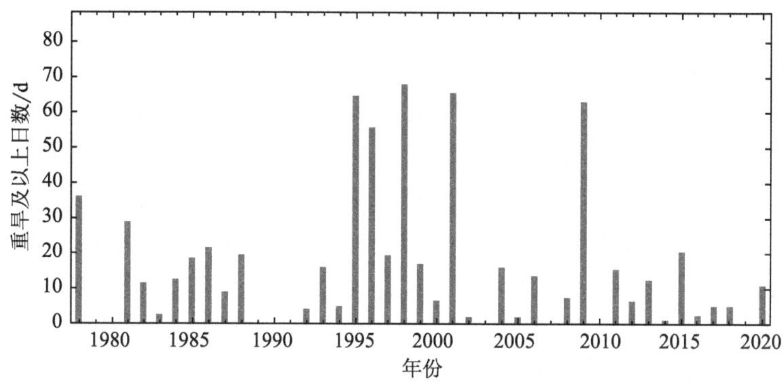

图 4.20　云州区 1978—2020 年重旱及以上日数历年变化

4.3.6.3　年最长连续干旱日数

1978—2020 年，云州区年最长连续干旱日数如图 4.21 所示，最多日数出现在 1998 年。

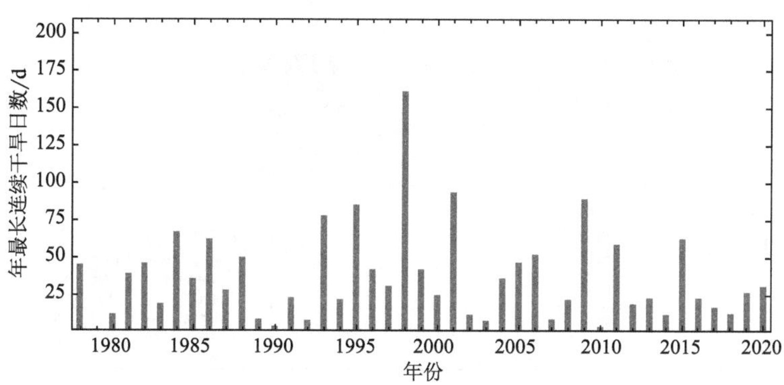

图 4.21　云州区 1978—2020 年年最长连续干旱日数历年变化

4.3.6.4 致灾危险性评估与区划方法

(1)致灾因子

使用气象干旱综合指数(MCI)作为基础指标,该指标可以进行逐日干旱监测。MCI 指数的计算方法可参见国家标准(GB/T 20481—2017《气象干旱等级》)。

基于 MCI 指数,统计年干旱过程总累积强度,分析不同重现期的年干旱过程总累积强度的阈值,通过权重求和的方法得到干旱危险性评估指数。年干旱过程总累积强度为年尺度内多次干旱过程中累积干旱强度的总和,日干旱等级可为轻旱或中旱等级及以上。该指标是可以反映干旱时长和强度的综合指标。

$$\mathrm{SMCI}=\sum_{j=1}^{m}\sum_{j=1}^{n}\mathrm{MCI}_{ij}$$

式中:SMCI 为单站年多次干旱过程总累积干旱强度(绝对值);MCI_{ij} 为 j 次干旱过程中第 i 天气象干旱综合指数;n 为 j 干旱过程持续天数;m 为站点年干旱过程数。

(2)危险性评估与区划

基于年尺度历史序列,通过对比检验,优选拟合分布函数,计算 5 a、10 a、20 a、50 a、100 a 一遇的阈值 T_5、T_{10}、T_{20}、T_{50}、T_{100},如果没有合适的分布函数,采用百分位的方法计算。基于年过程总累积强度的干旱危险性指数可以用下式表达:

$$H=a_1\times T_5+a_2\times T_0+a_3\times T_{20}+a_4\times T_{50}+a_5\times T_{100}$$

式中:a_1、a_2、a_3、a_4、a_5 表示权重,权重采用信息熵赋权法等方法来确定。

基于致灾危险性指数,综合考虑行政区划,对致灾危险性进行空间单元的划分,共分为低、较低、较高和高 4 个风险等级(图 4.22)。

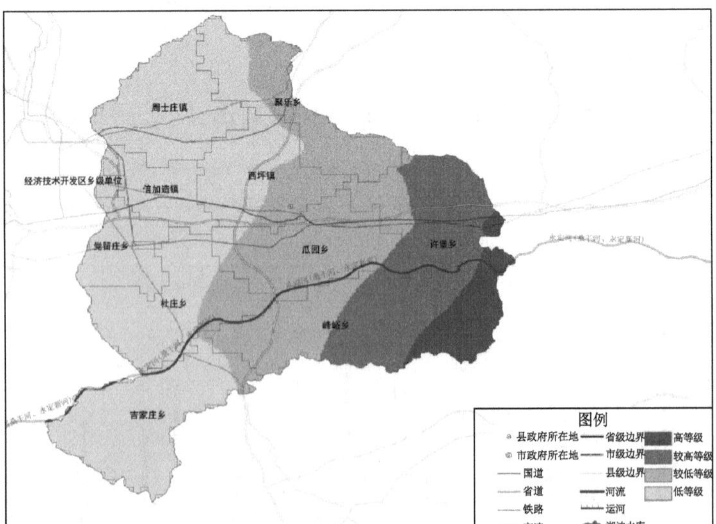

图 4.22 大同市云州区干旱灾害危险性等级图

第5章　大同黄花病虫害与农业气象灾害

近年来，黄花菜病虫种类逐渐增多，当前主要病害有叶斑病、叶枯病、炭疽病、锈病、茎枯病、褐斑病、黄叶病、红腐病和紫纹疫病等；主要虫害有蚜虫、红蜘蛛、黄蜘蛛、金龟子、蓟马、蛴螬、大地老虎、小地老虎、斜纹夜蛾、粉斑螟蛾（黄花菜的干制品在仓库贮藏期间经常发生的害虫）等；其中危害严重的重大病虫害主要是叶斑病、叶枯病、锈病、炭疽病、茎枯病、蚜虫、蛴螬和红黄蜘蛛等；近年来尤其以叶枯病、锈病和茎枯病发生危害严重（彭美蓉，2019）。

5.1　大同黄花病虫害种类

大同地区海拔偏高、气候冷凉，黄花菜病虫害较少。近年来，随着黄花菜种植面积的不断扩大，规模化种植基地越来越多，大同黄花菜主产区的病虫害如蓟马、蚜虫、红蜘蛛、锈病、叶枯病、根腐病等逐年加重。特别是2021年，黄花菜蓟马大暴发，严重影响了黄花菜的产量和品质（李荣峰 等，2022）。

5.2　预防黄花病虫害的措施

5.2.1　健康栽培（李荣峰 等，2022）

黄花菜采摘结束后，及时清除田间残枝、落叶，带至田外集中深埋或沤肥；翌年4月底，黄花菜返青前，再次清除残枝败叶，并集中深埋或销毁，消灭越冬成虫和若虫；春季栽植时清除腐烂的根和叶，做好苗株药剂处理；采取施足底肥、合理密植、中耕除草、科学肥水管理等措施，提高植株的抗逆性。

5.2.2　早“三防”，科学用药（李荣峰 等，2022）

黄花菜病虫害一般于4月底开始发生，一直持续到9月底，应坚持早“三防”、科学用药的原则进行病虫害防治。

（1）早“三防”，即早春黄花菜返青齐苗后，秧苗15 cm高时，选用甲氨基阿维菌素苯甲酸盐、除脲·高氯氟或螺虫乙酯加溴氰虫酰胺等复配剂防治1次；

（2）5月中旬，叶片出齐后，花薹15～20 cm长时，喷1次化学药剂，注意交替用药；

(3)6 月中旬，黄花菜的花薹抽齐并结蕾 1.5 cm 长时，用生物农药防治 1 次。

采摘期，蓟马发生严重时，可用多杀霉素、增效助剂、微量元素水溶肥混合液，在太阳落山后至太阳升起前 2 h 统防统治，防止农药残留危害。

5.2.3 理化诱控(李荣峰 等，2022)

(1)利用杀虫灯诱杀

5 月上旬，地下害虫和鳞翅目害虫频发，可利用夜蛾类害虫的趋光习性在田块中央安装太阳能杀虫灯诱杀，每 1.0～1.3 hm^2 放置 1 盏，杀虫灯距离地面 1.5～1.8 m。

(2)利用黄板、蓝板诱杀

5 月中下旬为蓟马、蚜虫等害虫的高发期，可利用蓟马趋蓝色、蚜虫趋黄色的习性，在田间设置蓝色或黄色黏虫板诱杀害虫成虫。每亩(1 亩≈667 m^2，余同)悬挂蓝板和黄板各 10～15 块，蓝板距离地面 30～50 cm，并随黄花菜的生长及时调准蓝板高度，黄板下沿距植株顶端 10～15 cm。

5.3 大同黄花主要病虫害防止措施

5.3.1 物理防治(霍宇恒，2020)

在黄花田安插黄板、蓝板、太阳能杀虫灯，利用害虫的趋光性来诱杀害虫，如蚜虫、蓟马等。

(1)蚜虫

用黄板诱蚜的办法进行防治，田间防治的适期为有翅蚜初见期后 2～7 d，以及田间有翅蚜出现的高峰期。

(2)红蜘蛛

选择采摘盛期黄花田 2～3 块，从黄花出苗到秋天叶片枯黄为止，每 5 d 调查 1 次，每块田采用对角线 5 点取样，当单株虫量在 400 头以下时，每点取 5 株；当单株虫量高于 400 头时，每点取 2 株，调查时植株间隔 120°取 3 片叶，计算单株虫量和百株虫量，当百株虫量达到 5000～20000 头，叶片轻微发黄时，为防治适期。

(3)蓟马

蓟马在气温 25 ℃以下、相对湿度 60%以下时数量较多，危害严重。气温在 27 ℃以上，对蓟马有抑制作用，大同地区多发生在 5 月中下旬—6 月上中旬。成虫和若虫皆危害黄花，蓟马类移动性小，可用调查卵和虫口数量相结合的方法来调查虫情。一般卵期 5～7 d，若虫(1～2 龄)6～7 d，若虫期为防治适期。可用随机取样法调查虫情，每块地调查 10 点，每点调查 10 株，一般 2 d/次，当单株叶片或花蕾上达到 6～8 头时，进行防治。

(4)病害与草害

黄花是多年生蔬菜，根系比较发达，抗逆性非常强。大同地区雨热同期，7 月进入雨季，露天蔬菜一般进入 8 月下旬开始发病，而黄花菜此时已采摘完毕，所以病害对黄花菜产量、质量影响不大。黄花地除草以人工为主，尤其是采摘期黄花，结合施有机肥，进行春刨。秋季，杀秧后，在机械深翻、秸秆还田的同时，又可除草。到了 6 月初黄花封垄后，杂草无生长优势，对黄花生产影响不大。

5.3.2 化学防治(霍宇恒，2020)

(1)叶枯病

叶枯病是黄花菜最重要的病害之一。发病严重时叶子枯死，抽薹数量锐减，落花落蕾严重，减产可达 10%～20%。植株发病时始于叶尖或叶缘，病斑呈褐色，边缘明显，后期呈深褐色，有时很多病斑合并成褐色条斑。发病与气温、相对湿度、降雨量有关系。气温超过 18 ℃，相对湿度超过 80%，易发病，种植超过 10 a 的易感病。

防治方法：合理施肥，多施有机肥。采收后及时灭茬，深翻旋地。

药剂防治：在春季发芽前，田面喷 0.3～0.5 波美度的石硫合剂，进行预防。在发病初期，用 250 g/L 吡唑醚菌酯乳油 1500～2000 倍液，每隔 1 周喷 1 次，连喷 3 次左右。

(2)褐斑病

黄花菜常发病害，主要发生在叶片和花梗上。叶子发病时为白色小斑点，后变黄褐色条斑，最后病斑产生黑色小粒点。

农业防治：选用抗病品种；春季早松土，多除草；合理施肥，不偏施氮肥，增强植株抗病性；及时开沟排水。

药剂防治：在发病初期，及时用 250 g/L 吡唑醚菌酯乳油 1500～2000 倍液，每隔 7～10 d 喷 1 次，连喷 2～3 次。

(3)红蜘蛛

危害叶片、薹秆，成虫和若虫群集为害，刺吸植株汁液，呈现灰白色小斑点，严重时整个叶片呈灰白色，最终枯死。

防治方法：用质量分数 11%乙满唑可湿性粉剂 5000 倍液喷雾。

(4)蚜虫

蚜虫主要发生在 5—6 月，先危害叶子，然后到花、花蕾上刺吸植物汁液，被害后花蕾瘦小，容易造成落花落蕾，并极易造成黄花感染病毒病。

防治方法：用质量分数 40%吡虫啉或啶虫脒 1000～1500 倍液喷雾防治。

(5)地老虎

地下害虫，在黄花菜返青时随水用辛硫磷浇根防治。

(6)蓟马

蓟马主要发生在 6 月,先危害叶片,渐至花、花蕾上刺吸汁液,被害后花蕾瘦小,容易脱落。最迟在黄花采摘前 15 d 用吡虫啉、啶虫脒防治。

5.4 气象条件与黄花病虫害

黄花在生长发育过程中,经常受到多种病虫危害。大同黄花发生的主要病虫害是红蜘蛛、蚜虫、地下害虫、锈病、叶枯病等。病虫害会影响植株营养吸收,不仅会造成当年减产,而且对第二年的生长、抽薹都会有危害(邱志远,2017)。

5.4.1 锈病与气象条件的关系

(1)发病始期与田间温、湿度的关系

锈病的农业气象指标:日平均气温 $T \geq 20$ ℃、平均相对湿度 $U \geq 76\%$,是锈病发生时同时具备的两个条件,在北风、连阴雨和连续低湿期间,锈病发展缓慢;在晴雨相间和时晴时雨的湿热天气里,锈病发展迅速。

据室外观测,气温 20 ℃、相对湿度在 85%左右时始病。平均气温在 24～26 ℃、伴有雨湿时,有利锈病的发生和蔓延(刘娟霞 等,2018)。

(2)发病期与降水量的关系

据对不同年份病害的气象要素进行分析,发现降水量与病害的流行程度有密切关系。7—9 月的月降水量 100 mm 左右和旬降水量 50 mm 以上可作为该病流行与否的参数指标,而温度则在降水量、相对湿度适宜时才对病害流行有作用,一般较高的温度有利于病害的流行。

(3)黄花锈病发生与气象条件的关系

通常于 5 月上旬开始发病,6—7 月为发病盛期,气温 25 ℃左右,相对湿度 85%以上,有利于病害发生(刘娟霞 等,2018)。夏季连阴雨是影响黄花锈病的主要因素之一,加上夏季高温高湿天气极易引起黄花菜病害,如颈腐病、锈病、褐斑病等的发生和流行,同时多雨、高湿、寡照天气,对黄花菜的晾晒干制非常不利。

5.4.2 红蜘蛛与气象条件的关系

大多数红蜘蛛均属于高温活动型。温度的高低决定了红蜘蛛各虫态的发育周期、繁殖速度和数量多少。因此,一定要在高温干旱季节来临之前及时防治。

7 月,是红蜘蛛危害的高峰期,越是天旱,危害越重。红蜘蛛危害后,抽薹细小,甚至抽不出花薹,落蕾严重,导致大量减产。红蜘蛛的防治,一定要把握“治早、治小、治了”的原则。

上一年入冬前和开春清明前后深翻土地,清理田间残枝败叶,大水浇灌,就是一个很不错的防治红蜘蛛的过程,能够有效地消灭越冬成虫,压低虫源数量。

5.5 主要气象灾害及防御措施

气象灾害是指由于气象原因导致国民经济和社会有关行业、部门以及人民生命财产损失的灾害。它是自然灾害中的原生灾害之一，具有种类多、范围广、频率高、持续时间长、群发性突出、连锁反应显著、灾情重等特点。

山西省常见的气象灾害一般包括天气、气候灾害和气象次生、衍生灾害。天气、气候灾害是指因暴雨(雪)、雷暴、冰雹、大风、龙卷、大(浓)雾、高温、低温、连阴雨、冻雨、霜冻、结(积)冰、寒潮、干旱、干热风、热浪、洪涝、积涝等因素直接造成的灾害。气象次生、衍生灾害是指因气象因素引起的山体滑坡、泥石流、森林火灾、酸雨等灾害。

5.5.1 春季干旱

气象条件影响作物的分布、生长发育、产量及品质的形成，而水分条件是决定农业发展类型的主要条件。干旱由于其发生频率高、持续时间长、影响范围广、后续影响大，成为影响我国农业生产最严重的气象灾害。

干旱是指长期无雨或少雨，使土壤水分不足、作物水分平衡遭到破坏而减产的气象灾害。干旱亦指淡水总量少，不足以满足人的生存和经济发展的气候现象，一般是长期的现象。

干旱少雨天气极易引起早熟黄花菜植株枯黄，造成严重落蕾现象，直接影响黄花产量，春季干旱对黄花的幼苗生长极为不利。

虽然说黄花菜怕涝、怕湿、喜干，但并不意味着黄花菜就能适应完全干旱的生存环境。同样，如果过于缺水干旱，会导致早熟、植株枯黄、花蕾脱落甚至减产等状况的出现。这主要是由于黄花菜植株根系分布在土壤的浅土层，过于干旱的环境直接影响着土壤表层的水分。

黄花菜属于长日照作物，在黄花生长期间需要一定的水分，根据气象资料统计，大同年内降水分布不均，春旱常有出现，平均 2～3 a 一遇，如 2010 年和 2011 年春季均出现了干旱，持续时间达到 15 d，在此期间，大于 30.0 ℃日平均气温的天数分别为 6 d、11 d，土层以下 10 cm 相对湿度降至 50%以下。10～20 cm 的土层湿度下降至 60%以下，导致黄花菜大量落蕾，减产较为严重。

防御措施：当春季出现干旱，导致土壤相对湿度小、墒情差时，人们需及时进行灌溉，增加土壤水分。尤其是在干旱天气多发的春季早期，种植黄花菜的农民要格外注意天气状况和天气预报，及时采取相对应的干旱解决措施，及时引水灌溉，保持一定的生长湿度，打好春季黄花菜幼苗、幼芽的生长基础，才能为之后高产做准备。

5.5.2 盛夏伏旱

盛夏时期，黄花菜种植区处于一个高温环境区。无论南方还是北方，6—8 月都是属于盛夏时节，而盛夏时节是我国黄花菜种植区最为炎热的时期。

进入盛夏，大同市降雨量较为集中，一旦出现降水稀少，在缺水高温的季节，花期需水量大，特别是采蕾期，若遇干旱(0～20 cm 土层土壤相对湿度在 65%以下)，花蕾易脱落，结合当地气象资料分析，当地发生伏旱的概率达到 60%。2014 年与 2016 年 7—8 月的降雨仅仅为 50～70 mm，仅占这一时间段平均降雨量的 20%左右，造成严重的伏旱，导致中晚熟的黄花菜不能及时补充水分，进而出现严重的落蕾情况，严重影响其产量(朱杰，2021)。所以，黄花菜在栽培过程中，特别是一些早熟品种，必须要充分重视对干旱天气的防治，倘若有干旱天气出现，需要结合土壤墒情及时灌溉以增加土壤湿润度。

相关气象资料调查显示，这个时间段内发生伏旱天气的概率远超过 50%，而且这个时间段内，降雨量远比春季连阴雨时节的要少很多，仅为春季连阴雨天气降雨量的 20%(邱志远，2017)。夏旱平均 6～7 a 一遇(梁进秋 等，2011)。这些严重的伏旱天气，严重影响了黄花菜中期的生长发育。因为这种无法避免的严重伏旱，使黄花菜生长到开花的中期由于太过于缺水高温而导致花蕾脱落，大量的落蕾会使黄花菜严重减产，最严重的甚至绝收。

防御措施：按照当地的气候特点合理选择黄花菜的种植品种，及时浇灌增墒，在黄花菜种植中，若降水量不能满足黄花菜生长要求，应及时提醒黄花种植户及时引水灌溉，保持土壤的生长湿度，提高土壤墒情；气象部门应实时关注天气变化，加强天气监测，抓住有利时机，积极开展人工增雨作业，缓解旱情的发展；种植区域也应做好水资源规划，对现有水资源优化配置，科学调度抗旱用水，确保黄花的高产丰收。

5.5.3 春季低温、霜冻

随着全球气候的不断变暖，暖冬现象也异常明显，致使黄花发育期提前，耐寒力显著下降，黄花菜于每年 4 月上旬开始进入春苗生长期，一般当月平均温度达 5 ℃以上时，幼叶开始出土，叶片生长适温为 15～20 ℃，而此阶段当地冷空气活动频繁，若有较强冷空气侵袭，那么势必会造成较严重的霜冻害，低温霜冻将造成幼苗受损或生长缓慢等。

防御措施：选用耐冻当地品种，覆盖保温材料及培土壅根，山地种植尽量选在南坡。

5.5.4 倒春寒

倒春寒是指初春气温回升较快，而在春季后期气温明显低于正常年份的现象。经常是白天阳光和煦，让人有一种“暖风熏得游人醉”的感觉，早晨和晚上却寒气袭人,让人倍觉春寒料峭。这种使人难以适应的善变天气,就是通常所说的倒春寒。

在气象学中,倒春寒最早来源于农业,主要指春季(3—5 月)平均气温超过 10 ℃以上,由于受较强冷空气频繁袭击,气温下降较快,出现前暖后冷且持续时间长并造成大范围地区农作物受冻害的天气现象或天气过程。

每年 3—5 月正值黄花春苗生长期,遇倒春寒天气,冷空气活动频繁或势力较强,温度较低而造成黄花不能正常萌芽和出苗,发育慢,生育推迟。如果降到 0 ℃以下,刚发的幼嫩芽容易遭受冻害,严重制约黄花的生长发育。

防御措施:气象部门应做好专题预报,土壤解冻后开始提供每周天气预报,及时关注寒潮降温天气,加大预报预警的播放量,降温时段滚动提供 48 h 天气预报,指导农户采取烟熏或喷洒防冻液等防御措施来降低霜冻对黄花的影响。同时,积极指导农户做好田间管理,开春后早松土,施足底肥,早浇水,促进春苗早发旺长。

5.5.5　春夏两季连阴雨

连阴雨是指连续几天以上的阴雨天气过程,一般连阴雨是连续 6 d 阴雨且无日照,其中任意 4 d 白天雨量≥0.1 mm;严重连阴雨是连续 10 d 阴雨且无日照,其中任意 7 d 白天雨量≥0.1 mm。

连阴雨对黄花菜的种植非常不利。如果连续下雨,湿度过大,光照不足,会导致黄花营养不良,0～30 cm 土层土壤相对湿度若超过 100%时不利于根系生长,黄花菜的根部长时间被浸泡容易腐烂甚至死亡,同时还会诱发多种病害,如根腐病、枯叶病和叶斑病等(邱志远,2017)。

阴雨天没有足够多的阳光照射,光照不足,对黄花菜生长也有不利影响,易造成烂苗,当土壤相对湿度过高时,还易形成渍害甚至涝害,造成黄花菜长势瘦弱、营养不足,无法开花,对植株造成极大威胁。

防御措施:遇到多雨天气要及时排水,防止黄花菜高湿引起病害。对于病害的防治,除药剂防治外,还可以多施腐熟的农家肥和少量氮肥。

5.5.6　冰雹

冰雹是影响我国的主要灾害性天气之一。冰雹天气的出现对于地面的影响比较大,是比较恶劣的天气类型,主要危害表现在其从高空急速落下,冲击力较大;同时,在冰雹的发生过程中往往伴随着暴风雨,进一步增强了摧毁力度。

冰雹是大同夏季出现概率较高的灾害性天气,大同地区的冰雹最早出现在 3 月,最迟 10 月结束,以 5—9 月降雹日数最多,占全年总冰雹日数的 89%。其中,尤以 6—7 月最多,占全年总冰雹日数的 48%(刘建国 等,2007)。冰雹高发期正是黄花开花采摘期,会对黄花等带来严重的机械性损伤,且冰雹出现之后,因为温度发生了变化,会使固体形状的冰雹融化为液态的水,如果不在第一时间排出这些水,会使黄花根部被泡坏。冰雹下降的时候对地面产生重力,会逐渐使松软的土地变得紧实,不利于黄花根部的呼吸和生长，因此，在积水排出之后还需要对土壤进行适当的松土，降低土壤板结对黄花带来的影响。

防御措施：对受冰雹灾害影响较轻的黄花，要及时进行施肥，并且做好病虫害的防治工作。保证在天气转好之后能够良好地生长，保证黄花的产量。冰雹具备突发性、局地性和灾情严重等特点，在气象服务中气象部门应加强天气监测，针对雷雨、大风、冰雹等强对流天气，积极开展人工消雹作业；同时加强短临天气预报预警，拓宽预警发布渠道，增加冰雹预警发布的提前量，确保种植户可以在第一时间内获取预报预警信息，积极采取防御措施。

5.6 科学种植黄花应对气象灾害

5.6.1 选择本地适合的品种

选用优良品种对提高黄花种植产业的优质高产十分重要。培育和采用早熟、耐寒，适宜本地生长的优良品种，了解品种习性，同时选用抗病良种，由于黄花锈病的发生流行程度与品种抗性、栽培年限、气候条件及田间管理密切相关。因此，防治上要合理选配品种，加强栽培管理，辅以化学防治的综合治理措施。

据资料记载，不同品种间抗性差异显著：湖南祁东冲里花和白花（高抗）＞庆阳线黄花＞庆阳马蔺黄花＞山西大同黄花（高感）。植株抗病能力差、栽植过密、偏施氮肥、生长点过嫩等也是病害的发生原因。选用抗病良种，如冲里花、白花、荆州花等。

5.6.2 加强田间管理合理耕作

俗话说“三分种，七分养”，加强田间管理，可以使幼年黄花菜及早地进入盛产期，不但起到了壮苗的作用，还能够延长果实的采摘年限，增加产量。适时早播，合理耕作，增春墒，保全苗，在春季升温不稳定的大同市，喜温作物播种期的情报、预报服务是气象服务的重要环节。在气温高、土壤有墒可抢的情况下，一些苗期耐低温、早发性好的品种，一般 5 cm 地温稳定通过 7 ℃，即可作为适宜播期的始期。早春活雪耙地、耢地，可使土、雪相融，增加表土水分。此外，耕种结合，联合作业，播前、播后镇压也是增墒保墒的有效措施。

冬季做好黄花菜的冬季培管，客土培蔸。有句农谚说得好：黄花菜不要粪，只要培土三四寸。黄花菜的短缩茎有不断往上抬高的生长特性，发根部位逐年上移。在进入盛产期后，根系生长非常发达，如果不进行客土培蔸，则根系会显露在土面，将大大减弱根部的吸收功能，使黄花菜的产量显著下降。培蔸一般自秋苗凋萎后开始，到小寒前结束。其方法是先把凋萎的秋苗齐泥割掉，然后按计划施足冬肥，再挑取肥沃的塘泥、河泥等，堆施于株丛和铺施于行间，加厚土层。到春苗萌发之前，再打散株丛顶部客土，培土于株丛周围。

注重垦复除草,黄花菜采摘时间长,经过践踏常常造成土壤板结,通透性变差,严重影响植株的生长发育。因此,菜地垦复可改良土壤的理化性质,减轻土壤中的有毒物质和病原物数量。立冬前后选择晴天土壤干燥时挖土,一般挖20～30 cm深为好;垦复时注意清除石块、杂草,使土层疏松通气,增强土壤的自然肥力。对来年夺取高产有重要意义。

5.6.3 合理施肥培肥土壤

施好冬肥,施肥时间以在黄花菜停止地上部分生长,即秋苗经霜冻凋萎后进行为宜。以有机肥为主,黄花菜进入冬季后,有机肥料的分解缓慢,有利于黄花菜根系的持久吸收。用肥量应根据土壤肥力及肥料的种类来确定,一般每亩施腐熟猪牛粪1500～2000 kg,或厩肥2000～2500 kg,或人粪尿粪肥500～750 kg,配合施用适量磷肥。作物在高水肥条件下,具有较强的抗御低温冷害的能力,相对地减轻低温冷害程度。另外,大同市土壤普遍缺磷,适当多施磷肥能有效地提高作物耐寒能力,促进早熟。

5.6.4 适时化学防治清除菌源

黄花锈病是黄花生育期常见的病害,秋季割老叶,拔枯秆,挖垄晒土,清除病叶、杂草并烧毁,可有效减少病菌。黄花锈病防治分两段进行:①春苗锈病防治。4—7月经常注意田间观察,当始见发病中心(一般5月初始见)及时施药,可用20%粉锈宁乳油或25%腈菌唑乳油1500倍液加少量洗衣粉喷雾,也可每亩用波美0.5度石硫合剂1 kg兑水50～60 kg,隔10 d左右喷药1次,连喷3～4次。②秋苗锈病防治。一般于9—10月秋苗生长期间,每亩用波美0.3度石硫合剂喷1～2次,可有效减少越冬病原菌。目前常用的药剂以粉锈宁、石硫合剂为主。

5.6.5 使用地膜抵御低温冻害

为抵御低温冻害,可采取大面积地膜覆盖,既能抗旱防洪,又能大幅度提高地温和气温。一般情况,覆盖比不覆盖近地层温度偏高1～3 ℃,月积温可增加30～90 ℃·d,能有效抵御低温冷害。同时营造农田防护林网,可以减少空气流通,减少地表辐射,适当提高气温,对于减轻低温冷害也是很有效的。

在强降水天气出现时,及时挖沟排水;做好田间管理,将倒伏作物扶正,及时疏通沟渠,开展中耕、松土、喷洒农药等。在冰雹多发季,气象部门应及时开展人工消雹作业。农作物遭受冰雹灾害后,应及时采取补救措施,剪去枯叶和被冰雹打碎的叶片,做好中耕和疏通田间排灌沟渠,加强肥水管理,确保农作物尽快恢复。若降水不足时,抓住有利时机,积极开展人工增雨作业,缓解旱情发展;水利部门应做好水资源调度,对现有水资源配置优化,科学调度抗旱用水;对于接近大中型水库、江河干流区域应做好提灌,其他地方则可以选择打井抗旱,确保黄花高产丰收。

第 6 章　直通式气象服务

多年来，为农气象服务一直是气象部门的重中之重，山西省气象服务中心一直在不断探索，不断创新服务方式，2021 年成立“大同黄花气象服务工作站”，通过对大同黄花品质和土壤分析，评估服务技术的研究，以大同黄花农业气象需求与服务为切入点，积极创新农业气象服务方式。

直通式气象服务，解决了农村农业气象预报预警信息的“最后一公里”问题，在低温、阴雨（雪）、高温、干旱、暴雨等气象灾害预报预警中，预报准确及时，部门联动快速高效，可有效防御重大农业气象灾害，将损失降到最低。

6.1　开展创新气象服务

针对制约大同黄花生产中的气象相关瓶颈问题，通过对大同黄花品质、气象条件等一系列研究，边研究边应用，不断创新气象服务方式，开展了直通式气象服务。直通式气象服务是从气象监测、预报预警、信息发布、信息传递等各个环节上与时间赛跑，用时间换空间的一种更加快捷方便的新型气象服务。

黄花品质与气象条件息息相关，从多个角度为黄花增产增收保驾护航，除了常规的短期、中期天气预报，重点针对黄花研发了精细化的黄花专项预报，从出苗—青苗—抽薹—开花—收获，关注黄花整个生育期，服务产品包括回顾近期天气过程、对未来天气趋势预测、土壤墒情分析、黄花返青期气象条件分析、黄花出苗期预测、黄花抽薹现蕾期预测、干旱对黄花青苗生长期的影响与评估、黄花采摘期预测、近期高温多雨天气对黄花病虫害的影响等精细化预报产品，通过对山西大同黄花生育期相关气象条件分析，为黄花生育期提供精细化专业气象服务专报。真正做到气象为农直通式精细化服务。

研究成果为山西大同黄花菜精细化气象服务工作提供技术支撑，可为政府部门提供科学指导和决策依据，有效提升山西省气象部门服务山西特色农业的能力。

6.2　创新气象服务方式

6.2.1　加强气象数据监测，做好农业数据分析

气象条件中的气温、降水、湿度、风力、日照等和黄花菜全发育期生长息息相关。

黄花种植区应加强气象数据监测，建立小气候观测站，同时记录黄花全生育期作物资料，做好农业数据分析，开展农业气象试验，开展品质试验，分区域、分关键物候期的灾害影响试验，为黄花生长发育及气候条件关系的研究提供更为详尽的数据依据，为推动黄花产业的优质发展奠定良好基础。

6.2.2　开展直通式气象服务，指导农户田间管理

气象部门技术人员应深入田间地头，加强与农户的交流互动，掌握黄花种植户对气象服务的需求，以需求为导向开展更实用的气象服务。在不同的生育期，提醒种植户加强田间管理，提醒黄花种植户及时喷洒杀虫剂，减少田间病虫害的发生，同时黄花采摘后，枝干慢慢枯萎，在晴好天气，提醒对土地及时深耕细翻，改善土壤环境，为来年黄花增产增收做准备。

6.2.3　拓宽预警信息发布渠道，提高预警信息覆盖率

依托现代通信技术和新媒体网络渠道，建立气象灾害预警信息传播绿色通道，努力实现气象灾害预警信息零障碍、无缝隙、快速传播。将种植户信息纳入地方预警信息平台，建立起快速发布的“绿色通道”，对于暴雨、雷电大风、冰雹等强对流天气和寒潮、强降温、冰冻等天气以及因气象因素衍生的灾害预警信息，通过广播、电视、互联网、抖音、手机短信等各种手段和渠道第一时间发送给黄花种植户，提高预警信息发送时效，切实打通预警传输“最后一公里”。

6.3　大同黄花气象服务工作站

6.3.1　建设目标

黄花的生长发育与气象条件关系密切，尤其是开花采摘期、晾晒期对天气的敏感度极高，多年来气象部门一直都在开展黄花气象服务。随着黄花种植规模的不断扩大，传统的黄花气象服务工作已满足不了黄花产业不断壮大发展的生产实际需求，建立大同黄花气象服务工作站，对于进一步提高黄花精细化气象服务的针对性、主动性、预见性，有效提升大同黄花气象服务能力和工作效率，贯彻落实习近平总书记提出的“小黄花大产业”指示精神，立足本地实际，大力发展特色产业，把大同黄花做成全国知名品牌都具有重要的现实意义。

通过大同黄花气象服务工作站的建立，总结出黄花产业气象服务模式经验，形成一套具有可复制、可推广的气象服务模板，为拓展大同其他特色农业作物模块提供思路，以便于在全省各市局推广使用。

6.3.2 建设内容

建立大同黄花特色产业精细化气象服务系统，它是大同市服务特优农业黄花的重要组成部分。系统共包括八大功能模块，其中最核心的三大模块为数据展示、统计分析和专题气象服务，下面对三大模块的功能进行介绍。

6.3.2.1 数据展示

主要是实时显示影响黄花生长的各类气象数据，包括对大同市范围内所有国家站、区域站、农田小气候站、土壤水分站等资料的实况展示；对大同市范围内基于任意格点的未来一周天气预报展示，预报内容为天气现象、风、气温等要素；对大同市范围内黄花种植区、站点实景监测以及实时发布的气象灾害预警信号进行展示等。

6.3.2.2 统计分析

主要是实现黄花气象服务过程中涉及的资料查询、对比和分析功能，系统包括实况资料查询、黄花资料查询、黄花气象灾害信息库和历史数据对比四个子模块。

实况资料查询：可根据时间范围、要素类型以及站点信息筛选大同市范围内所有站点实况数据信息，并以站点曲线图和表格数据两种方式显示；

黄花资料查询：根据不同年份和地区选择查询黄花的种植面积、盛产面积、产量以及销量收入；

黄花气象灾害信息库：主要查询对黄花生产造成高影响的灾害性天气历史资料，包括干旱、大风、冰雹、连阴雨，其中干旱、大风、冰雹库里存放的是2011—2021年的资料，连阴雨存放的是1955—2021年的资料。

历史数据对比：包括历史标准对比和历史累年对比两部分内容，可根据所选择的时间范围、要素类型、对比方式、站点信息，来查询任意时段降水、气温等气象资料和30 a气候资料平均值、建站以来气候资料平均值的对比，并通过图表显示，同时实现下载。

6.3.2.3 专题气象服务

专题气象服务是系统的核心功能模块，主要包括服务用户、精细预报服务、气象服务产品、气象服务预警、农业保险服务指南、短临预报、黄花生产服务提示七个子模块，可以实现查询用户信息、调取任意位置未来5 d预报、查询黄花气象指标，并实现气象服务产品的自动生成、发布气象预警提示、查询黄花农业保险以及了解黄花生产服务提示这七大功能。

(1)服务用户

主要是查询黄花用户的基本信息。

(2)精细预报服务

从“地区选择”中选择大同四区六县任意乡镇，查询未来5 d的具体预报信息，包括站名、时间、气温、湿度、降水、风力风向、天气现象等，并支持导出；查询基于任意位置点的预报信息，可在“站点配置”中对大同市范围内任意位置的站点通过新增经纬度的配置，提供其格点预报。

(3)气象服务产品

这是本系统最重要的功能之一，主要包括常规服务产品、黄花气象服务产品、黄花气象指标、服务产品制作和服务产品自动生成五个小模块。

① 常规服务产品

查询气象旬报、月报、季报，农业气象旬、月报，以及雨(雪)情快报、气候评价、土壤水分监测公报等各类基础为农服务产品，并支持 Word 和 PDF 两种格式导出。

② 黄花气象服务产品

实现《黄花气象服务专报》和《黄花采摘期天气预报》的任意查询，并支持 Word 和 PDF 两种格式导出。

③ 黄花气象指标

主要包括两部分：一是显示黄花生长全生育期(青苗生长期、抽薹现蕾期、开花采摘期)的适宜气象指标；二是对黄花生产有高影响的天气风险预警指标，主要包括干旱、大风、冰雹和连阴雨。下面对这两类指标作具体说明。

A. 黄花生长适宜气象指标

黄花生长适宜气象指标是指黄花生长关键期，即青苗生长期、抽薹现蕾期、开花采摘期生长的适宜气象指标，包括气温、地温、降水、土壤墒情等。其确定依据主要有三方面。

——调查分析实践

大同市气象局多年来一直在开展黄花气象服务，经常组织业务人员深入田间地头、合作社和黄花基地进行黄花农情调研，通过实地走访、座谈等多种方式向黄花种植能手、黄花各领域的专家了解黄花在生长发育、田间管理等各方面对气象服务的需求。尤其是近年来省市各级政府都高度重视黄花产业的发展，黄花种植规模不断扩大，市县气象部门又针对性地开展了直通式气象服务，积累了丰富的气象服务经验，因此，对黄花的主要生育关键期和影响黄花生长发育的灾害性天气非常熟悉和了解。

——科研项目研究

本成果中骨干成员针对“气象条件对黄花的影响和黄花精细化气象服务”成功申报了山西省科技厅和山西省气象局的两项科研项目。项目组在天镇县和云州区两地设立五个观测点，从黄花青苗期开始定期记录黄花发育期、生长高度、生物量等数据，并进行采摘期产量测定分析等内容。科研项目的研究过程既完成了对黄花生育期相关资料的积累，也对适宜气象指标进行了总结。

——建立全市范围的黄花气象观测

2020 年大同市气象局组建了黄花产业精细化气象服务团队，并于 2021 年建立全市范围的黄花观测体系，八个县(区)站选择九个黄花气象观测点，其中云州区设立了两个点。团队制定了基本的黄花发育期观测规则，按照规定的时间和统一的观测标准，对全市各站点的黄花进行发育期观测和土壤墒情测定。这些资料的积累为黄花生长关键期的确定和适宜气象指标的建立提供了科学的参考依据。

B. 高影响天气风险预警指标

对黄花生产能够造成高影响的灾害性天气主要有四类：冰雹、连阴雨、气象干旱和大风。高影响天气预警指标的确定依据如下：

——冰雹

冰雹对黄花各个生长关键期都有严重的影响，且发生概率相对较大。冰雹风险预警划分标准参照山西省地方标准 DB14/T 703—2012《气象灾害等级划分》中冰雹灾害等级的划分，同时结合大同市 2011—2021 年冰雹天气的资料进行了初步的验证，结果显示基本吻合。

——连阴雨

连阴雨对黄花的开花采摘期影响极大。按照大同市气象局初步编制的《黄花种植气象服务规范》中“连阴雨”概念，对大同市 1955—2021 年有气象记录以来八个国家气象站的逐日降水资料和逐日日照时数进行了统计分析，共选出符合条件的 52 个连阴雨天气个例。针对个例中的降雨日数、最大日降雨量和总降雨量三个因子，应用气候诊断中经常使用的百分位分级法对其进行分级指数划分。在此基础上参照山西省地方标准 DB14/T 703—2012《气象灾害等级划分》中连阴雨灾害指数的计算方法，结合黄花采摘期连阴雨天气中上述影响因子的实际权重，计算出采摘期的连阴雨灾害指数，最后又运用数学中的自然断点分级法对该灾害指数进行范围分级，确定影响程度，制定出连阴雨风险预警划分标准。

——气象干旱

气象干旱对黄花的每个生长关键期都有较大影响，但判定原则往往烦琐复杂。在制定气象干旱风险预警指标时参照了国标 GB/T 20481—2017《气象干旱等级》中降水量距平百分率的计算方法。此方法相对简单方便，但有一定的限制条件：半湿润半干旱地区且月平均气温高于 10 ℃。目前黄花的主产区在大同，其生长期为 4—8 月，其中 5—8 月均符合上述限制条件，但 4 月的平均气温低于 10 ℃，因此，在制定气象干旱预警风险指标时按黄花生长时间的不同，分为两种不同的分类方法。大同素有十年九春旱，民间一直沿用无降水持续天数来表示干旱的严重程度，因此，我们也运用了这种简单的方法。以云州区（黄花主产区）为例，对其自建站（1978 年）以来 4 月的逐日降水量进行了统计分析，以连续无有效降水日数最少 7 d 作为一个干旱日，选择了共 32 个个例，运用气候学诊断中最常用的百分位法，分别计算出 90 百分位、75 百分位、50 百分位和 30 百分位，进行气象干旱等级划分。

——大风

大风对黄花的影响主要在抽薹现蕾期和开花采摘期。大风风险预警指标参照《气象灾害预警信号》中大风预警信号的发布标准执行。

④ 服务产品制作

主要是实现对黄花气象服务产品(《黄花气象服务专报》和《黄花采摘期天气预报》)的自动生成,导出后经人工订正对外发布。

⑤ 服务产品生成

主要是实现对常规为农服务产品,如对农业气象旬、月报实现其自动生成,导出后经人工订正对外发布。

(4)气象服务预警

主要包括两个子模块,一是气象预警,二是服务预警提示。气象预警主要是实时显示大同全市范围内发布的各类气象灾害预警信号;服务预警提示主要是系统针对自动站的实时资料,按照提前设定好的高温、大风、短时强降水和暴雨等灾害性天气的阈值自动识别预警区域,并通过闪烁进行提醒。

(5)农业保险服务指南

主要是帮助黄花用户了解黄花种植期间的相关农业保险信息。

(6)短临预报

可以实时显示大同雷达的组合反射率、基本反射率、回波顶高、液态含水量和速度信息等各种产品,根据不同的产品,系统按照提前设定好的阈值判断对黄花可能产生影响的强对流天气,并自动弹出短临预报窗口及内容,同时可以实现其下载导出。

(7)黄花生产服务提示

主要查询黄花从出苗期到采摘期整个全生育期中,根据前期降水量和土壤墒情,以及后期的预报信息,按照设定的阈值进行条件判断后,自动做出黄花生产服务提示。

6.3.3 技术路线

大同黄花特色产业精细化气象服务系统采用B/S架构,基于三维GIS地图引擎进行系统开发及数据展示,是基于多维度的数据处理分析综合平台。具体技术特征如下:

搭建地图服务模块:系统集成离线版三维GIS地图服务模板,用于数据的分布展示及数据地理分布情况的查看。

数据库建设:系统采用SQL SERVER数据库,建立系统的基础数据资源。

面向对象的软件设计思想:系统主题功能采用当前最主流的软件开发技术ASP.NET + C# 技术框架。

H5技术用户界面搭建:使用B/S开发模式中常用的H5技术完成用户操作界面功能,该技术的应用便于数据的直观展示,具有用户操作便捷及数据的交互响应等优势。

6.3.4 创新点

本系统成功将多年来在黄花气象服务实践中存在的资料查询对比、预报预警实时显示、生长适宜指标和高影响天气灾害指标库的建立、雷达监测预警提示、生产服务提示等多项功能整合起来,解决了黄花服务产品的自动生成,实现了黄花特色产业精细化服务的一体化、集约化、智能化。

(1)可实时了解任意位置未来 5 d 的天气预报,帮助黄花用户更好地安排生产和劳动。

(2)实现了服务产品的智能生成,系统通过分析前期气象条件,结合未来天气预报、黄花生长指标以及未来可能出现的灾害性天气,提出了合理化的生产服务建议,自动生成并输出黄花气象服务产品,经人工订正后实现智能化发布。

(3)具备了解决种植大户对黄花气象服务"最后一公里"的需求。

(4)软件平台开发语言先进、设计前沿、稳定性和兼容性强,可满足在高标准的气象工作环境中使用。其创新性主要体现在三方面:①多维度信息化分析,系统包含各类实时气象资料(国家站、区域站、农田小气候站、土壤水分站等)、历史资料、格点预报、雷达资料等多种数据信息分析,构建多维度的信息化分析方式;②全流程化的服务理念,构建黄花全生育期适宜气象指标和高影响天气风险预警指标体系,统计分析了黄花气象灾害信息库,利用雷达资料进行短临预报分析,结合专家联盟进行指导,融合智能发布信息方式使全流程化的服务理念贯穿于黄花特色气象服务始终;③特色农业气象服务信息化创新,系统在建设各功能模块过程中已将基础数据资料进行有效整合,因此通过借鉴本系统建设功能模块经验,提取关键技术,再无须对基础数据进行重复整理和冗杂管理,就可快速拓展其他作物的精细化气象数据的专题建设,为搭建其当地特优农业服务平台提供科学的参考和依据。

(5)该系统的业务应用,最大限度提升了气象为黄花种植服务的能力,有效提高了黄花精细化气象服务的针对性、主动性和预见性;客观上形成了一套可复制、可推广的气象服务模板,可拓展到本地其他的特色产业模块,如浑源黄芪、阳高杏果、广灵小米等,逐步升级成"大同市特优农业精细化气象服务系统",满足大同市"一县一业"的特优农业气象服务需求;在技术和业务应用更加成熟的条件下,该系统也可推广到其他兄弟地市,通过提取关键性的服务技术,为搭建当地特优农业服务平台提供科学的参考和依据。

6.3.5 智能发布

智能发布,主要是实现服务产品的对外发布,分为短信发布、邮件发布、微信发布三个子模块。

短信发布:选取通讯录名单,编写要发送的内容,点击立即发布,即可发送。

邮件发布:选取需要发送的联系人,输入收件人邮箱、主题,加载服务产品后,即可发布。

微信发布：主要指通过“大同黄花微服务”这个微信公众号对外发布气象灾害预警信息，在选择公众号和模板类型后，输入“主标题、发布单位、预警类别、预警级别、发布时间、发布内容”等信息后，点击立即发布，所有关注“大同黄花微服务”公众号的用户都将收到所发布的预警信息。

6.3.6　系统功能介绍

6.3.6.1　系统模块设计

(1)系统主页

将大同和黄花相关的特色数据信息及其他资料信息设计为大数据版面进行数据展示(图 6.1、图 6.2)。

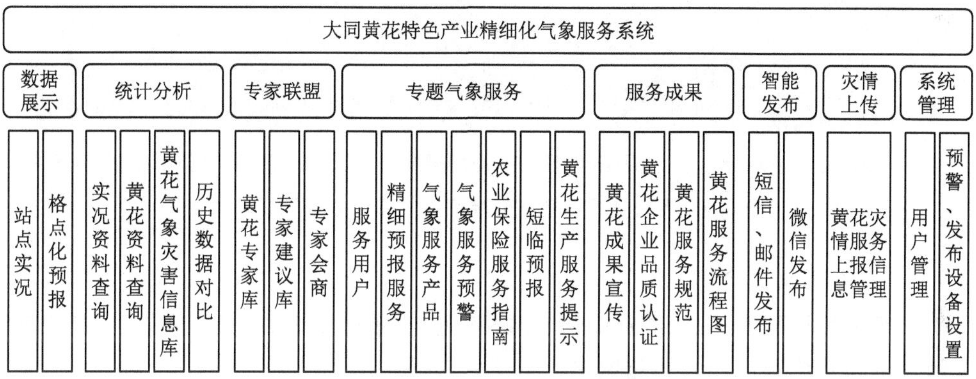

图 6.1　大同黄花特色产业精细化气象服务系统模块设计

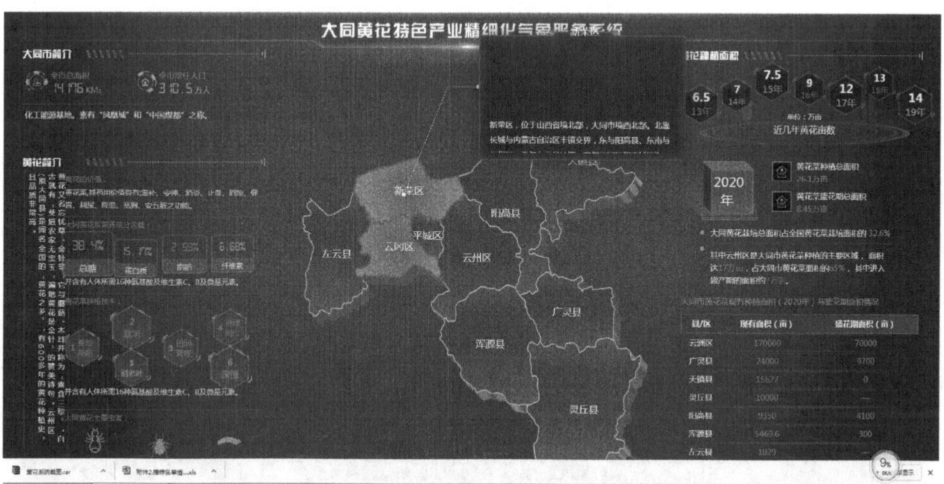

图 6.2　大同黄花特色产业精细化气象服务系统首页

(2)系统登录界面

系统地址：http://172.18.80.27:82/Views/shouye.html。点击系统主页进入登录界面(图 6.3)。输入用户账号名和密码登录系统即可。

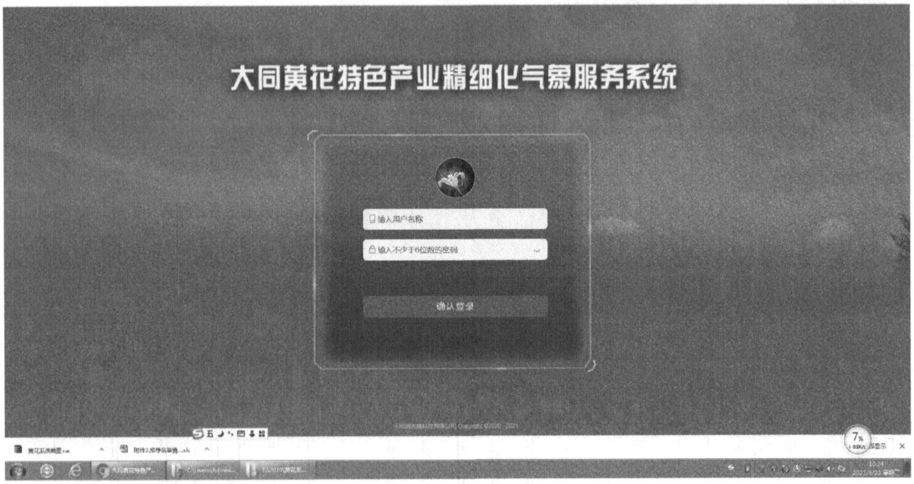

图 6.3　大同黄花特色产业精细化气象服务系统登录页

6.3.6.2　系统模块介绍

该系统包括数据展示、统计分析、专家联盟、专题气象服务、服务成果、智能发布、灾情上传和系统管理八大功能模块。

(1)数据展示

主要展示影响黄花生长的各类气象数据。

实况：国家站、区域站、农田小气候站、土壤水分站等各类资料(图 6.4)。

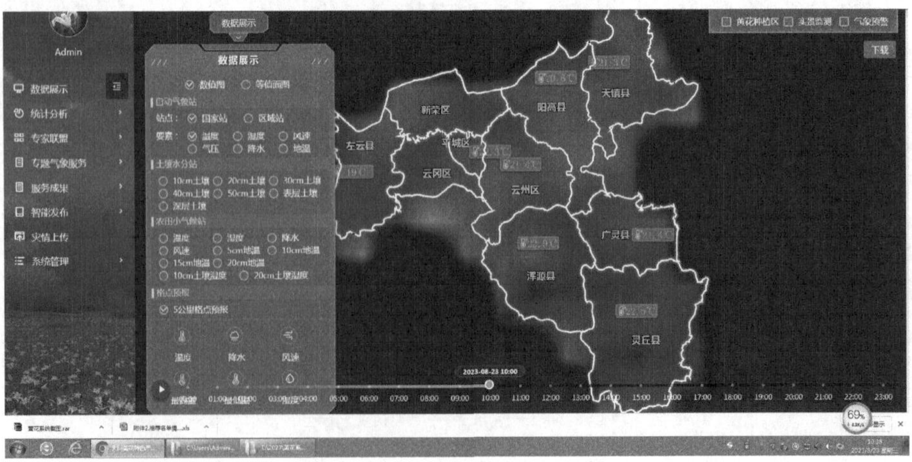

图 6.4　国家站气温实时显示

格点预报：可调取省气象台发布的基于任意格点的天气预报。点鼠标左键，显示鼠标所处位置格点的某项要素预报值（图 6.5）；点鼠标右键，可显示鼠标所处位置格点未来一周天气预报（图 6.6）。

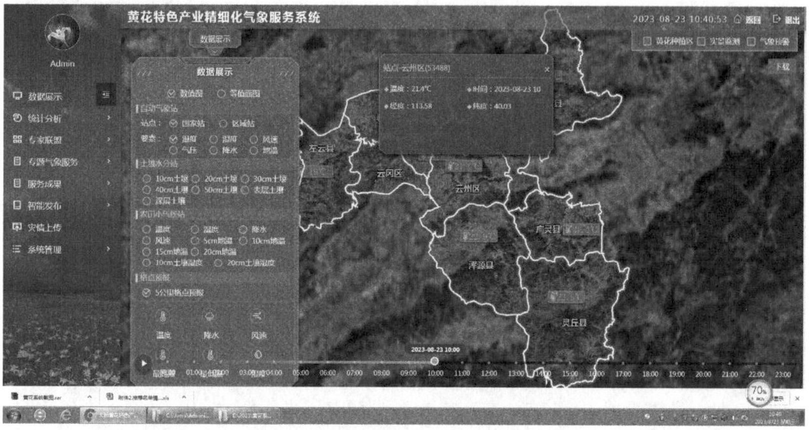

图 6.5　左键显示格点预报气温值

图 6.6　右键显示未来一周格点预报

其他展示：包括黄花种植区（图 6.7）、实景监测（图 6.8）和全市气象预警的实时展示。

（2）统计分析

主要是针对黄花气象服务中涉及的资料进行统计分析，包括实况资料查询、黄花资料查询、黄花气象灾害信息库和历史数据对比四个子模块。

① 实况资料查询

实况资料查询，可根据时间范围、要素类型，以及站点信息来进行筛选实况数据信息，数据展示的时候可分为站点变化图和表格数据（图 6.9、图 6.10）。点击下载按钮，可以下载 Excel 文件。

图 6.7　黄花种植区显示

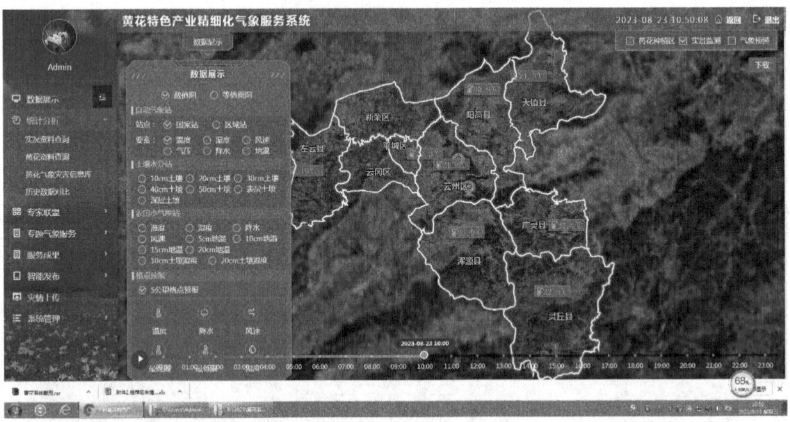

图 6.8　实景监测显示

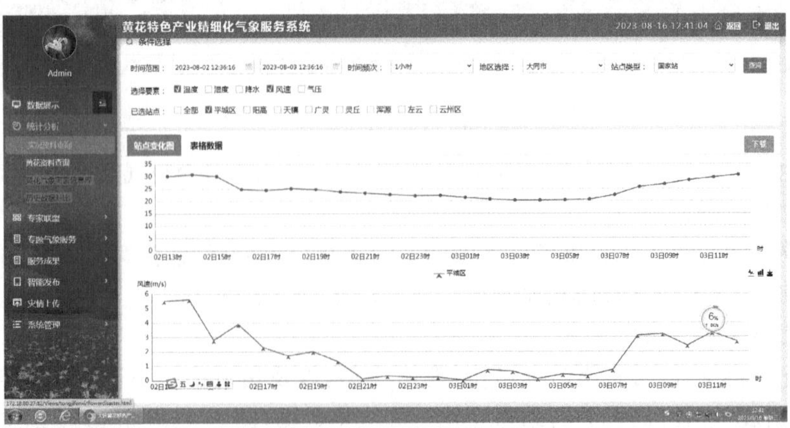

图 6.9　实况资料变化曲线图

图 6.10　实况资料表格图

② 黄花资料查询

根据不同的年份和地区选择查询黄花的种植面积、盛产面积、产量以及销量收入(图 6.11)。该页面支持新增、删除、修改、查询。

图 6.11　黄花资料查询显示

③ 黄花气象灾害信息库

主要查询对黄花生产造成高影响的灾害性天气历史资料(干旱、大风、冰雹、连阴雨),包括发生时间、灾害名称、受灾情况以及应对措施等(图 6.12)。该页面支持新增、删除、修改、查询。

图 6.12　黄花气象灾害信息库显示

④ 历史数据对比

主要根据时间范围、要素类型、对比方式、站点信息，可查询气象数据信息并进行对比。系统根据用户需求可以选择历史标准对比（图 6.13）和历史累年对比（图 6.14），包括逐日逐站、逐日多站、多站逐日模式，通过和 30 a 气候平均值或建站以来同期值进行比较，快速查询降水概率、降水距平和降水距平百分率、气温距平、历史同期排序等各种结果，判断是否突破极值，并以图表的形式展示，同时支持 Excel 下载。

图 6.13　历史标准对比显示

图 6.14　历史累年对比显示

(3)专家联盟

专家联盟主要分为三个模块，即黄花专家库、专家建议库、专家会商等。

① 黄花专家库

主要存放大同市范围内擅长黄花种植技术、育种技术、病虫害等相关领域的专家资料，录入其基本信息，如工作单位、擅长领域、自我介绍、微信昵称等(图 6.15)。该页面支持新增、删除、修改、查询功能。对于“新增”数据操作栏会出现“微信认证”按钮，点击后进行微信绑定，如绑定成功，操作栏会显示已认证(图 6.16)。在“专家会商”时，可邀请专家进行腾讯会议专题讨论。

图 6.15　黄花专家库显示

图 6.16　专家微信认证

② 专家建议库

主要是专家对于黄花的种植技术、栽培技术、繁殖方式、病虫防治的一些建议信息和介绍(图 6.17)。页面支持新增、删除、修改、查询。

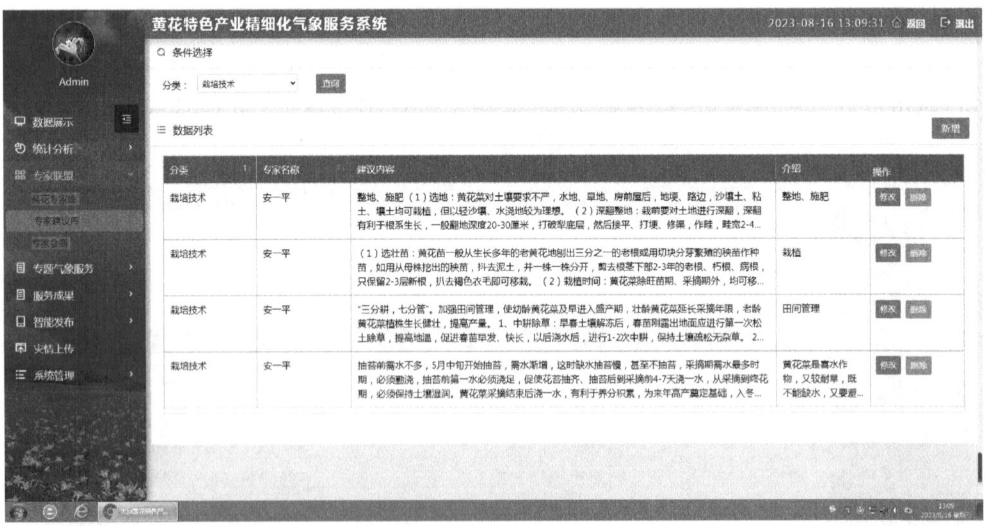

图 6.17　专家建议库显示

③ 专家会商

专家会商页面显示的是在黄花专家库功能中微信认证过的专家信息(图 6.18),在这里可以通过会议邀请来创建主题会议,进行专题讨论。

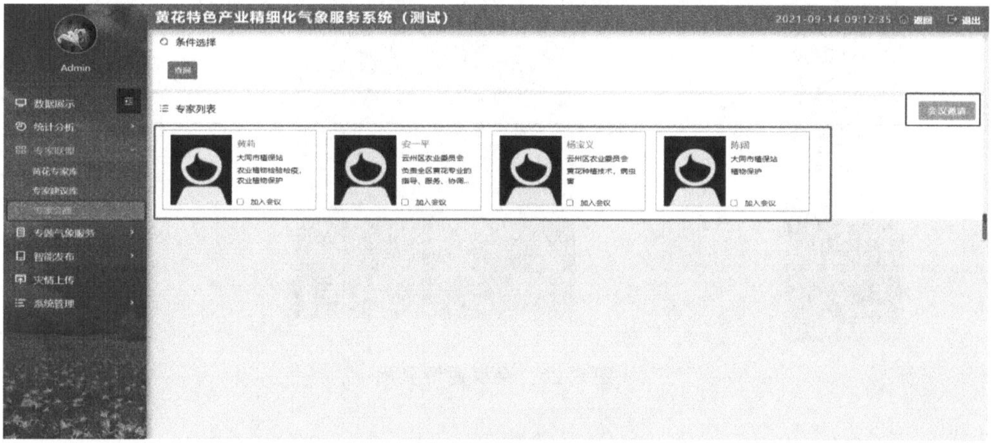

图 6.18　专家列表显示

首先，关注“大同黄花微服务”公众号，会议创建人在腾讯会议上创建一个会议，然后点击会议邀请(图 6.19)。

其次，将创建好的“会议邀请”链接填入系统，将出现会议室链接、会议号、填入会议名称、会议主题、会议时间等信息，点击“发送邀请”，被邀请人手机微信会接收到通知，点击“查看详情”，点击“会议”，即可参加会商进行专题讨论(图 6.20、图 6.21)。

(4)专题气象服务

专题气象服务主要分为七个子模块，即服务用户、精细预报服务、气象服务产品、气象服务预警、农业保险服务指南、短临预报、黄花生产服务提示。

① 服务用户

主要是查询用户信息(图 6.22)。该页面支持新增、删除、修改、查询。

② 精细预报服务

主要根据站点信息查询该地区未来 5 d 具体天气预报信息，该页面支持导出文件。其中“站点配置”可通过增加经纬度对任意格点进行设置，从而查询基于任意位置的未来天气预报(图 6.23)。站点信息是在头部模块

图 6.19　创建会议并邀请专家

图 6.20　会议邀请显示

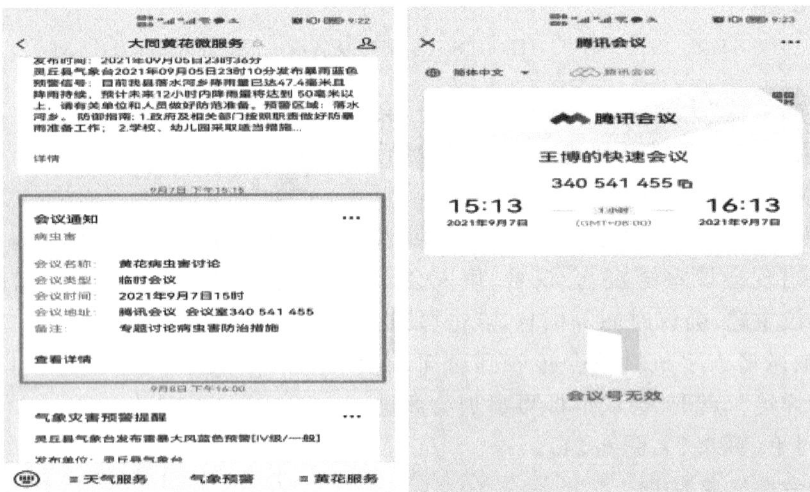

图 6.21　会议通知和参加会议

图 6.22　服务用户查询

的“站点配置”中进行配置的，支持站点维护功能（新增、删除、修改）（图 6.24）。

图 6.23　查询站点未来 5 d 预报

图 6.24　通过“站点配置”设置经纬度

③ 气象服务产品

气象服务产品包括常规服务产品、黄花气象服务产品、黄花气象指标、服务产品制作和服务产品生成五个子模块。

常规服务产品：可根据筛选条件，查询气象旬报、月报、季报，农业气象旬、月报，雨（雪）情快报等各类基础为农服务产品，并支持 Word 和 PDF 两种格式的文件导出（图 6.25）。

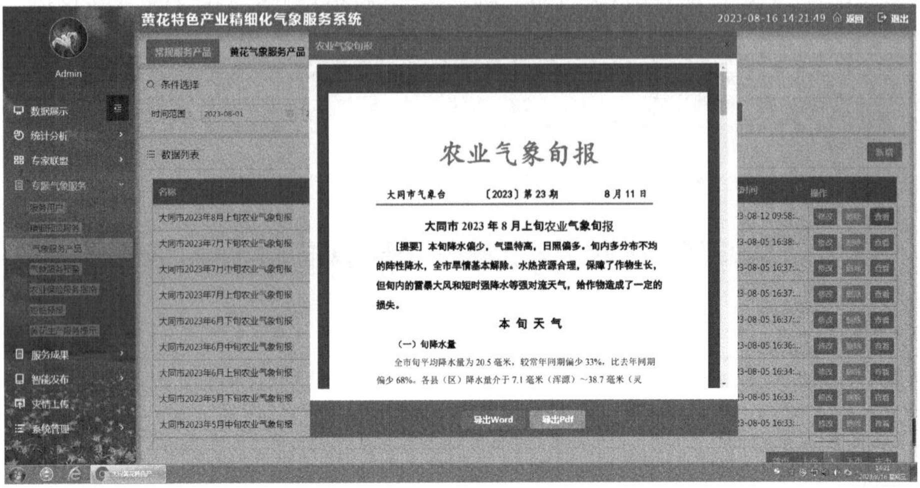

图 6.25 常规服务产品显示

黄花气象服务产品：可以根据时间范围、地区、服务类型查询黄花气象服务产品，主要是《黄花气象服务专报》和《黄花采摘期天气预报》(图 6.26)。页面支持新增、删除、修改、查看功能，也支持 Word 和 PDF 两种格式的文件导出。

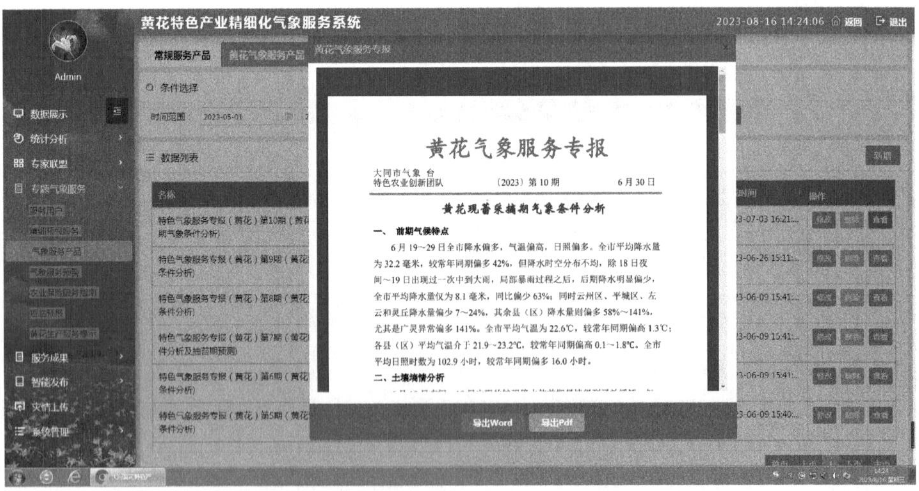

图 6.26 黄花气象服务产品显示

黄花气象指标：主要包括两部分，一是显示黄花生长全生育期的适宜气象指标(图 6.27)；二是对黄花生产有高影响的天气风险预警指标。该页面支持新增、删除、修改，查询功能。

服务产品制作：通过选择时间范围、产品类型和黄花生育期，利用该模块能实现对黄花气象服务产品的自动生成(图 6.28、图 6.29)。

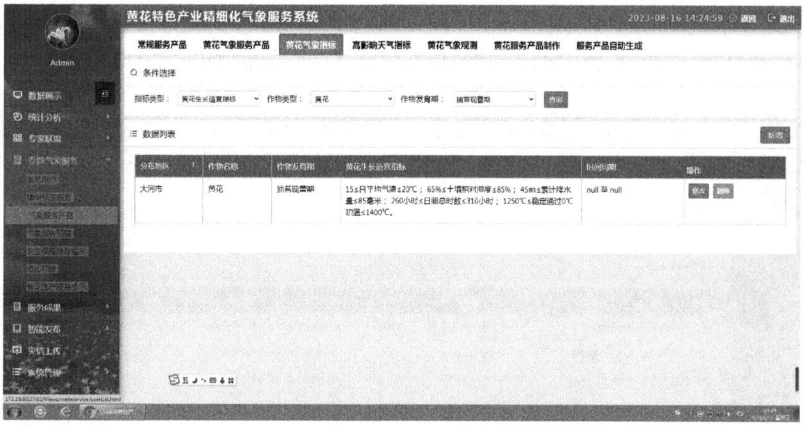

图 6.27　黄花生长期适宜气象指标显示

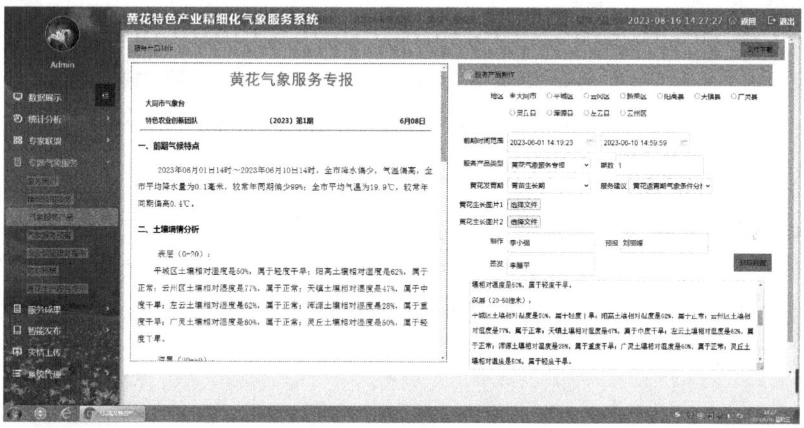

图 6.28　《黄花气象服务专报》制作显示

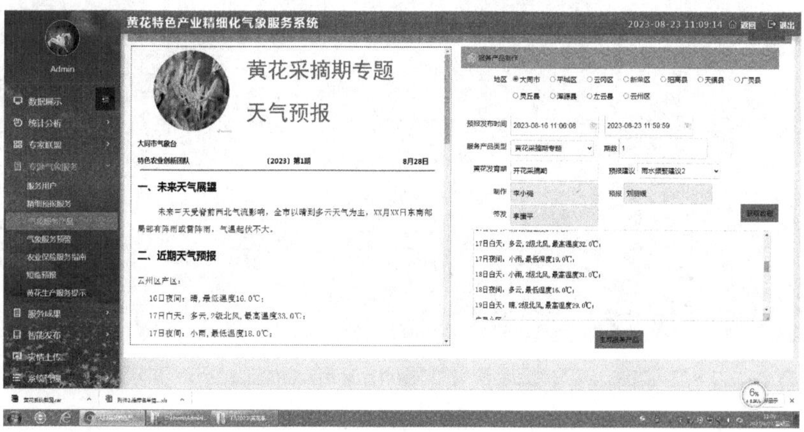

图 6.29　《黄花采摘期专题天气预报》制作显示

服务产品生成：针对农业气象旬、月报，通过自动调取系统资料，实现其自动生成，并进行打印和文件下载，导出后经人工订正对外发布(图 6.30)。

图 6.30 农业气象旬、月报的自动生成

④ 气象服务预警

气象服务预警包括气象预警和服务预警提示两个模块。其中“气象预警”显示的是大同市范围内发布的实时气象灾害预警信号(图 6.31)；“服务预警提示”显示的是系统按照提前设定好的高温、大风、短时强降水和暴雨等灾害性天气的阈值进行预警提示(图 6.32、图 6.33)。

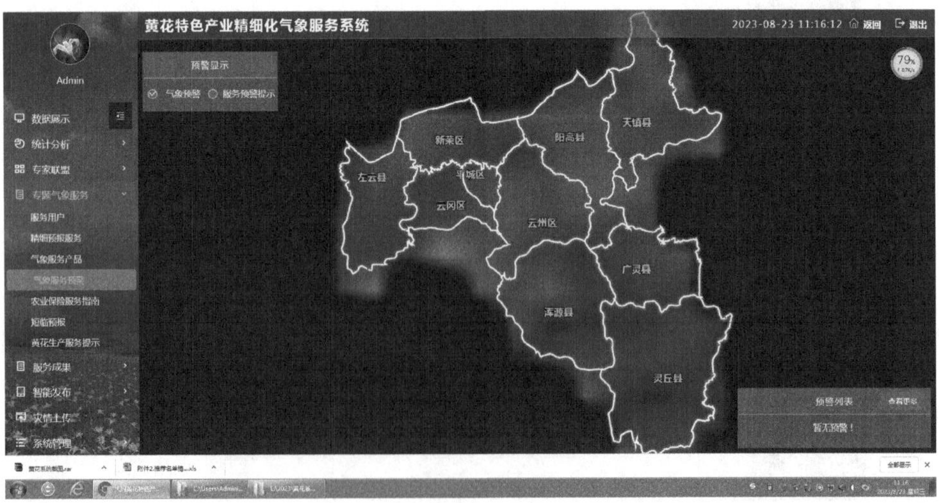

图 6.31 气象灾害预警信号实时显示

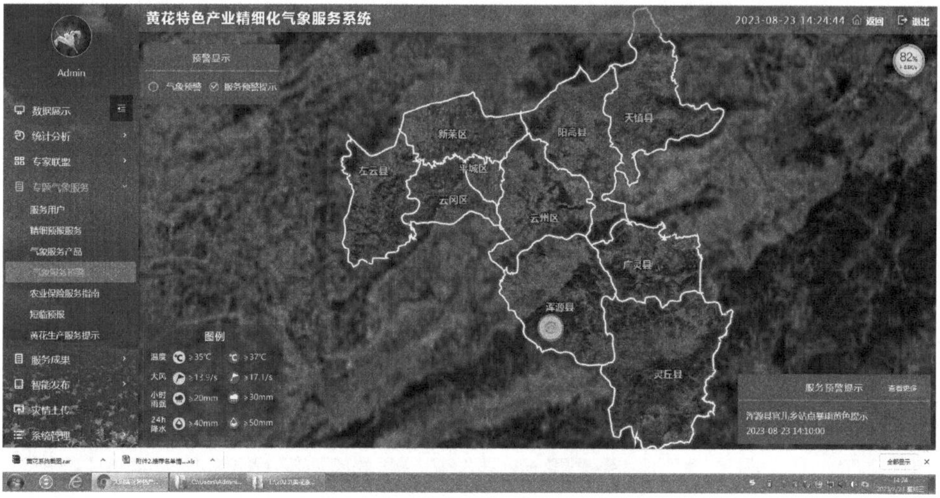

图 6.32　服务预警提示显示

图 6.33　预警提示实时显示

⑤ 农业保险服务指南

农业保险服务指南主要是为黄花用户对种植黄花期间产生的保险进行详细的介绍，其中会提到具体的保险信息以及产生的费用供其参考。

⑥ 短临预报

短临预报主要是显示大同雷达观测到的组合反射率、基本反射率、回波顶高、液态水含量、速度等不同产品（图 6.34）。根据提前设定好的阈值，判断对黄花有影响的强对流天气，并自动弹出短临预报窗口及内容。

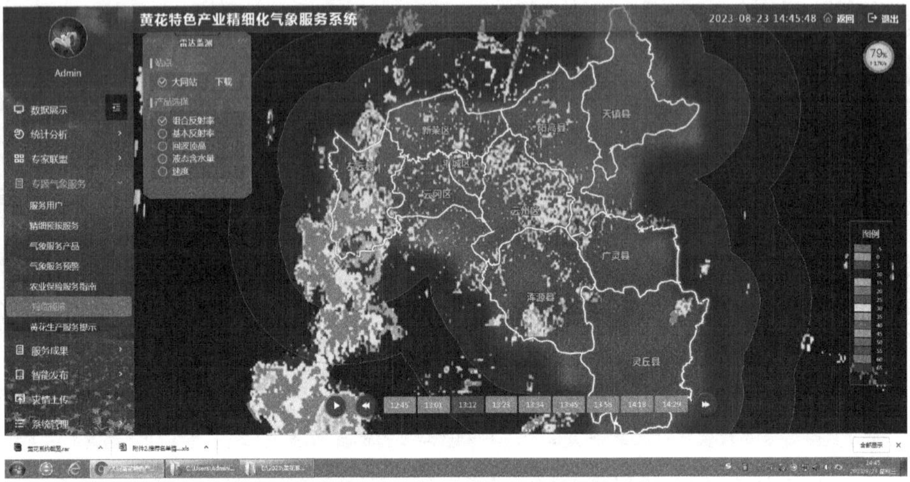

图 6.34　短临预报显示

⑦ 黄花生产服务提示

黄花生产服务提示目前按照服务用户的需求，主要是查询黄花从出苗期到采摘期整个全生育期中，需要注意的前期降水量和土壤墒情，以及后期的预报信息，根据设定的阈值进行条件判断后，自动做出是否灌溉的生产服务提示(图 6.35)。

图 6.35　黄花生产服务提示显示

(5)服务成果

服务成果集中体现“市有所专 业有所精”项目中涉及的具体内容，即“大同黄花产业精细化气象服务模式”中“六个一”的具体内容，如黄花服务流程图、成果宣传、黄花品质认证和黄花服务规范等(图 6.36)。

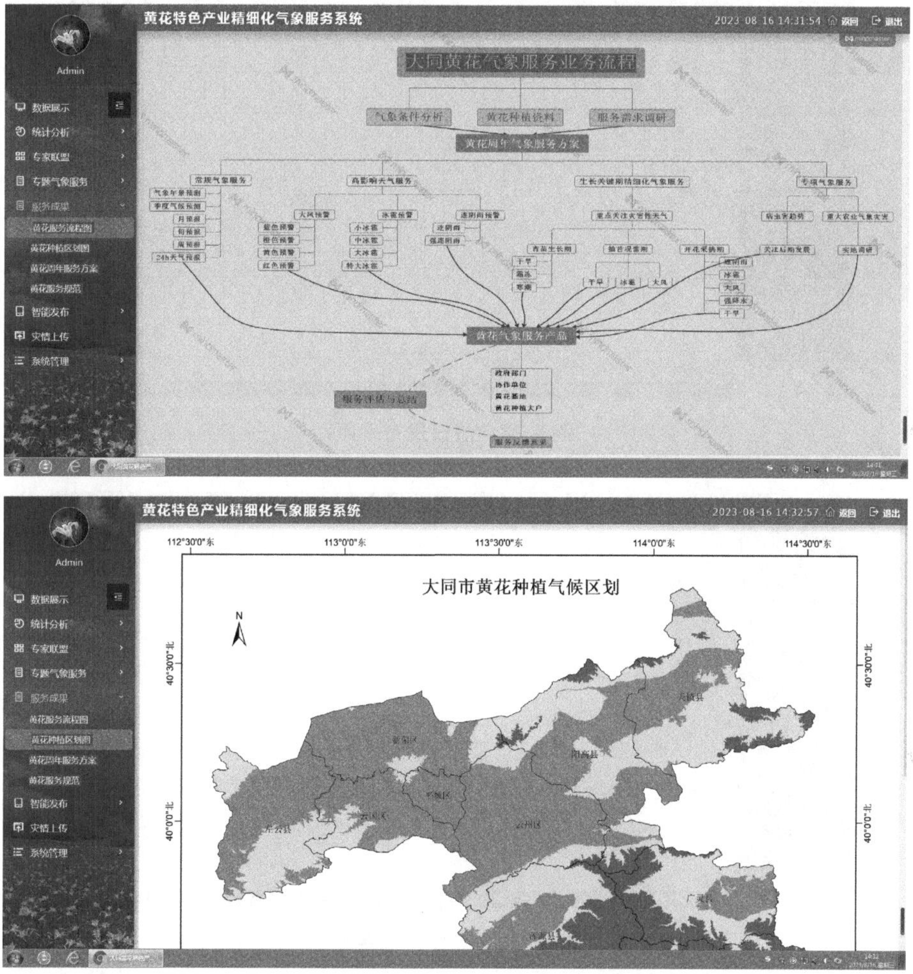

图 6.36　服务成果部分展示

(6)智能发布

智能发布主要分为短信发布、邮件发布、微信发布三个模块。

短信发布：主要是选取通讯录对应的人员，编写要发送的内容，点击立即发布，被选中的人员会短信收到发布人发送的内容(图 6.37)。

邮件发布：选取需要发送的右键联系人，输入收件人、标题、内容，点击立即发布，则发送成功，收件人也会收到相对应的邮件(图 6.38)。

微信发布：主要指通过“大同黄花微服务”这个微信公众号对外发布气象灾害预警信息，在选择公众号和模板类型后，输入“主标题、发布单位、预警类别、预警级别、发布时间、发布内容”等信息后，点击立即发布，所有关注“大同黄花微服务”公众号的用户都将收到所发布的预警信息(图 6.39)。

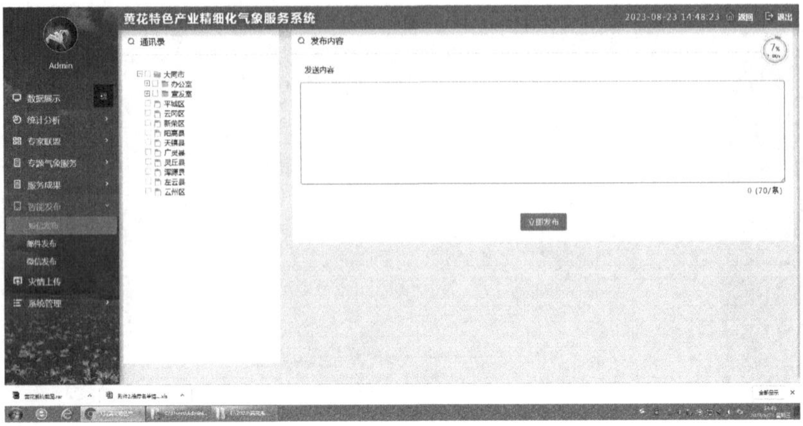

图 6.37　短信发布界面

图 6.38　邮件发布界面

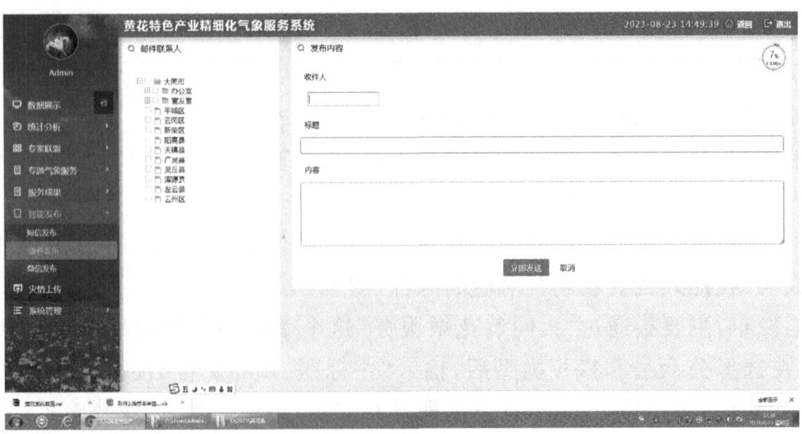

图 6.39　微信发布界面

(7)灾情上传

对于关注“大同黄花微服务”微信公众号的服务用户或其他人员可随时拍摄黄花灾情，并通过公众号进行上传，则会自动加载到该模块的数据列表中，并显示上报人员及其相关信息，如灾害类型、上报地区、上报内容、上报人、灾害发生时间等(图 6.40)。

图 6.40　上传灾情自动加载系统数据列表

信息录入完成后点击“立即上报”，点击“历史记录”，就会查看你以前上报的信息(图 6.41)。

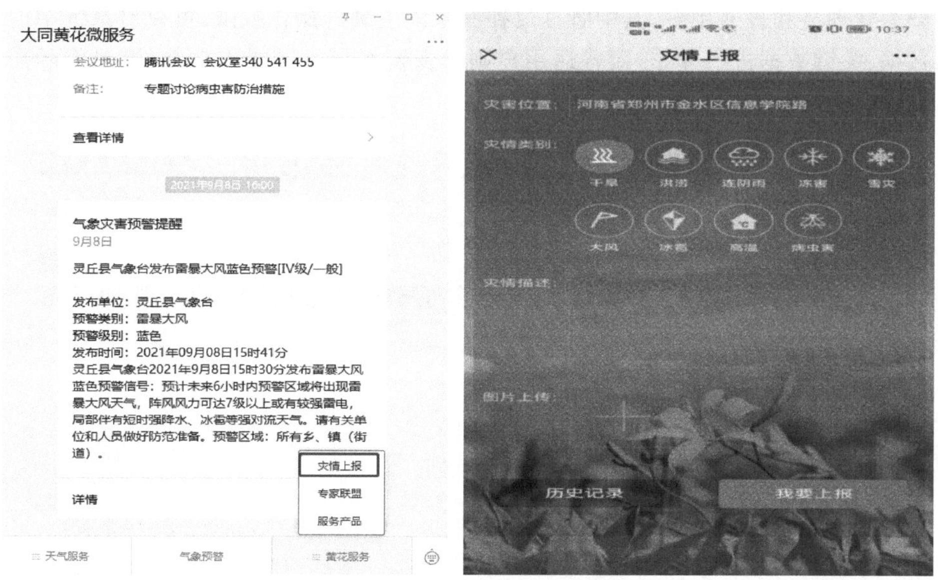

图 6.41　微信公众号上传灾情

(8)系统管理

系统管理,主要分为用户管理、角色管理、通讯录管理、气象服务预警设置、发布设备配置共五个模块。

用户管理:主要查询登陆系统的所有用户基本信息、账号和地区等内容(图 6.42)。该页面支持新增、删除、修改、查询。

图 6.42　用户管理显示

角色管理:主要是为系统操作权限服务,以此增加系统操作的安全性能。角色类型分为管理员和普通用户,其中管理员拥有系统更高的操作权限,可以对系统中的敏感数据、关键数据进行操作,而普通用户则只保留系统基础操作功能,满足实际需求而设定(图 6.43)。

图 6.43　角色管理显示

通讯录管理：主要对所有黄花服务用户（包括个人或单位）建立用户基本信息，如联系人、电话等（图 6.44），方便后期的管理，支持新增、删除、修改、查询功能。

图 6.44 通讯录管理显示

气象服务预警配置：主要针对“专题气象服务”模块的子模块“气象服务预警”中“服务预警提示”进行参数配置。配置的参数包括：根据预警类型配置不同级别范围，对每种预警类型的不同级别范围配置不同预警阈值（图 6.45）。

图 6.45 气象服务预警配置显示

发布设备配置：主要对黄花服务用户使用的 LED 显示大屏进行参数配置，可以通过选择地区和设备类型查询其设备信息（图 6.46、图 6.47）。

图 6.46　发布设备配置显示

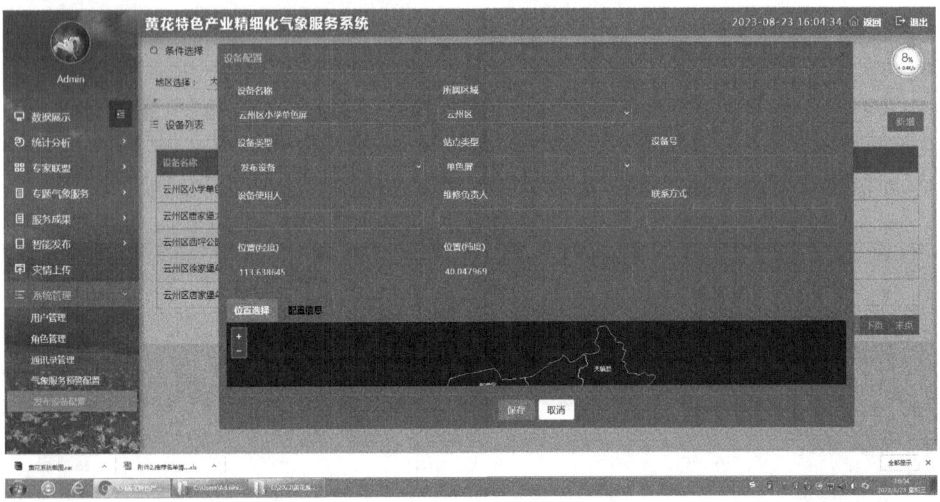

图 6.47　发布设备配置参数显示

6.4　服务的社会效益

大同黄花联合产业有限公司、大同市云州区华实硕黄花专业合作社、乐乎文化传播(山西)有限公司、大同市云州区东瑞文化服务部、大同云萱农业发展有限公司、大同市云州区黄花产业发展服务中心等多家黄花生产企业进行了2020—2022年大同黄花精细化预报服务，对开展黄花气象灾害防御工作和黄花的生产销售具有积极的促进作用。助力“三农”气象服务工作，有效提升山西省气象部门服务地方特色农业的能力，产生了很好的服务效益。

大同云州区是大同黄花主产区，产品畅销国内外，是大同脱贫攻坚的支柱产业。及时准确为政府、合作社、种植户做好黄花精细化预报，“保护好，发展好黄花产业”意义重大。该项技术的应用将有效提升山西省气象部门服务山西特色农业的能力。同时，研究成果对其他省（区、市）黄花在气象领域的研究具有借鉴作用，应用前景良好。

6.5　精细化气象服务实例

开展富有特色的精细化特色农业气象专题服务。通过对大同黄花生育期及气象条件的分析，在黄花种植的气象服务中，气象台站不但要做好趋势预报，常规的短期、中期天气预报，还应开展黄花各生育期专题预报，在黄花的关键生育期，开展 24 h 滚动预报和逐小时实况监测，为农户提供准确及时的预报服务。

针对重大天气过程，如寒潮、强冷空气过境时，种植户要注意预防春霜冻，根据气象部门的霜冻预报提前采取防御措施，保证黄花菜的地上部分不受霜冻，确保浇水适宜，使生长期的花蕾不会脱落，才能助力增产增收。若气象台站预报有连阴雨或强对流天气时，黄花种植户需提前做好排水工作，针对长期降水要注意根腐病、枯叶病和叶斑病等病害的防治。精细化气象服务加大了对灾害性天气应对的提前量，有利于种植户及早采取防范措施，以减轻或避免灾害性天气带来的损失。

近年来，山西省气象服务中心与大同市气象局强化部门合作，针对大同黄花种植产业，制作涵盖黄花不同生育期的天气预报、气候预测专报、关键生育期的气象条件分析专报、重要天气过程专报等气象服务产品（详见 6.5.1～6.5.3 节部分服产品样例），精准的预报、精细化的服务，获得种植户的一致好评。

6.5.1 2021 年黄花气象服务专报

黄花气象服务专报

大同市气象台
山西省气象服务中心 〔2021〕第 1 期 3 月 20 日

黄花返青期气象条件分析

一、近日天气回顾

受冷暖空气的共同影响，从 19 日上午开始，大同市出现大范围雨雪天气，各县(区)降水量为 1.5～16.7 mm，全市平均降水量为 10.3 mm，除阳高、天镇无积雪外，其余地区积雪深度为 2～14 cm。这场降雪对于增加土壤底墒非常有利。

二、3 月下旬趋势预测

1. 天气趋势预测

预计 2021 年 3 月下旬全市降水偏多，气温偏高。旬平均降水量 8.0 mm 左右，较常年同期偏多 50%左右；旬平均气温 5.0 ℃左右，较常年同期偏高 1～2 ℃，旬极端最高气温为 18～20 ℃，极端最低气温为－10～－8 ℃。

2. 主要天气过程预报

预计 3 月 21—22 日全市有 4～5 级短时 7 级以上西北风；25—26 日全市有小雨，局部有雨夹雪，降水过后，27 日夜间—28 日全市有 4～5 级短时 6 级以上西北风；月末还将有一次降水过程。

三、黄花服务建议

3 月中旬全市平均降水量为 22.2 mm，较常年同期异常偏多 573%；平均气温为 3.1 ℃，较常年同期异常偏高 2.3 ℃。根据预测，3 月下旬降水偏多、气温偏高有利于黄花的返青，并提前进入出苗期，但下旬又多大风天气，对保墒不利，因此提醒农户要及时松土施肥、清除杂草、做好田间管理，密切关注天气变化，做好防冻、防风、保墒工作。

黄花气象服务专报

大同市气象台
山西省气象服务中心　　　〔2021〕第 2 期　　　3 月 25 日

黄花出苗期预测

一、前期气候特点

进入 3 月(截至 25 日)，全市降水异常偏多，气温异常偏高，日照偏少，大风日数偏少。3 月全市平均降水量为 25.2 mm，较常年同期异常偏多 250%，主要降水过程出现在 3 月 1 日、12 日、17—19 日，黄花主产区云州区、天镇、灵丘、广灵降水量分别为 25.0 mm、12.1 mm、40.9 mm、32.2 mm，较常年同期值均异常偏多，其中灵丘异常偏多 618%。3 月全市平均气温为 3.2 ℃，较常年同期异常偏高 3.4 ℃，为历史同期第二高值，黄花主产区平均气温为 3.4～3.7 ℃，较常年同期均偏高。

二、土壤墒情分析

通过对 18 日(除左云和灵丘外)43 个乡镇土壤墒情数据分析显示：表层超 8 成地区墒情适宜，深层超 7 成地区墒情适宜，重度干旱主要分布在阳高和浑源；黄花主产区天镇、广灵、云州区、灵丘(22 日墒情)21 个乡镇测墒数据分析显示：表层全部适宜，深层则存在不同程度气象干旱。总体来看，3 月中旬两次雨雪过后，大同市表层墒情基本适宜，深层墒情也得到了一定的改善。

三、近期主要天气过程及 4 月上旬趋势预测

预计 3 月 25 日夜间—26 日白天大同市有一次降水天气过程，相态以雨为主，降水量为 1～3 mm，局部可达 5 mm 以上。降雨过后，27—28 日全市有 4～5 级短时 6 级以上西南风转西北风，部分地区伴有沙尘；气温累计下降 4～6 ℃，局部地区 8 ℃以上。31 日夜间还有一次降水过程。预计 2021 年 4 月上旬全市降水仍偏多，气温接近常年同期。

四、黄花出苗期预测及服务建议

预计 3 月底到 4 月上旬全市黄花陆续进入出苗期，近期的降水对改善土壤墒情

比较有利,有利于黄花提前进入出苗期,但后期多大风降温天气,提醒农户及时松土施肥、清除杂草、做好田间管理,密切关注天气变化,做好防冻、防风、保墒工作。建议相关部门及黄花种植户密切关注天气变化,降水过后及时中耕除草、以利于提高土壤温度,促进黄花生长。

黄花气象服务专报

大同市气象台
山西省气象服务中心　　〔2021〕第 3 期　　3 月 31 日

未来一周天气对黄花出苗期的生长影响

一、前期气候特点

3 月以来，大同市降水异常偏多，气温异常偏高，日照偏少，大风日数偏少。全市平均降水量为 25.8 mm，较常年同期异常偏多 166%，为历史同期第三高值；全市平均气温为 4.2 ℃，较常年同期异常偏高 3.6 ℃，为历史同期第二高值。

二、未来一周天气预报

受高空槽影响，预计未来一周大同市多降水天气，降水主要出现在 4 月 1—3 日和 5—6 日，累计降水量 10～15 mm，局部可达 20 mm 以上，最低气温降幅在 4 ℃左右，最高气温起伏不大。云州区具体预报如下：

3 月 31 日夜间到 4 月 1 日白天：阴转小雨，3～4 级东南风，4～13 ℃；

4 月 1 日夜间到 4 月 2 日白天：小雨或雨夹雪，3～4 级东北风，3～10 ℃；

4 月 2 日夜间到 4 月 3 日白天：小雨或雨夹雪，山区的局部地区有中到大雪，3～4 级东北风，1～12 ℃；

4 月 3 日夜间到 4 月 4 日白天：多云，3～4 级西南风，1～13 ℃；

4 月 4 日夜间到 4 月 5 日白天：小雨或雨夹雪，3～4 级西南风，－1～10 ℃；

4 月 5 日夜间到 4 月 6 日白天：小雨或雨夹雪，3～4 级西北风，－2～13 ℃。

三、黄花服务建议

据预测，大同市 4 月上旬多降水过程，可有效增加土壤墒情，对黄花生长发育比较有利。目前，部分地区黄花已进入出苗期，田间管理工作不能松懈，建议相关部门及黄花种植户密切关注天气变化，降水过后及时中耕除草，以利于提高土壤温度，促进黄花生长。

黄花气象服务专报

大同市气象台
山西省气象服务中心　　〔2021〕第4期　　4月12日

预计11—13日大部地区有大风寒潮和霜冻需注意做好防范准备

一、前期气候特点

4月上旬，全市降水偏少，气温偏高。全市旬平均降水量为3.7 mm，较常年同期偏少34%；全市旬平均气温为7.9 ℃，较常年同期偏高1 ℃。

二、土壤墒情分析

入春以来大同市降水偏多，但时空分布不均，阳高、天镇累计降水量相对偏少，4月8日测墒结果显示：北部部分地区整层存在一定的气象干旱，其余地区墒情基本适宜。

附表　2021年4月8日观测点墒情　　相对湿度：%

深度/cm	平城区	云州区	阳高	天镇	左云	浑源	灵丘	广灵
0～10	58	70	45	51	100	86	64	74
10～20	69	74	50	53	85	87	66	75
20～30	61	84	61	56	85	73	65	75
30～40	75	78	65	59	86	72	57	72
40～50	62	67	43	60	87	73	54	78

三、近期主要天气过程

在前期暖湿系统的控制下，4月11日早晨大同市各县（区）最低气温普遍较高。受冷空气影响，今天白天全市已出现4～5级短时6级以上西北风，部分地区有沙尘，大部分地区气温开始下降。预计11—13日最低气温累计下降9～13 ℃，局部可达13 ℃以上，13日早晨各地的最低气温将降至−6～−3 ℃，全市将普遍出现寒潮和霜冻天气；14日白天开始气温快速回升。云州区未来3 d具体预报如下：

12日白天到夜间：多云，部分地区有阵雨，4～5级短时6级以上西北风，伴有沙尘，11～−5 ℃；

13日白天到夜间：晴，4～5级西北风，10～−5 ℃；

14日白天到夜间：晴，4～5级西北风，17～−1 ℃。

四、服务建议

4月以来，降水偏少，呈现分布不均的特点，北部地区土壤湿度条件较差，不利于黄花春苗生长；后期多大风、降温天气，建议相关部门和农户及时关注天气变化，提早做好防风、保温护苗工作。

黄花气象服务专报

大同市气象台
山西省气象服务中心　　〔2021〕第5期　　4月30日

干旱对黄花青苗生长期的影响与评估

一、前期气候特点

4月以来，全市降水偏少，气温持平，日照偏少，大风日数偏多。全市平均10.5 mm，较常年同期偏少43%；4月全市平均气温为9.2 ℃，与常年和去年同期持平；全市共出现34站次大风天气，平均大风日数4.3 d，较常年同期偏多0.4 d。风大雨少，导致土壤水分蒸发加快，旱象较前期明显。

二、土壤墒情分析

4月18日测墒后，全市无降水，27—28日风力较大，全市土壤相对湿度有所下降，部分地区旱情持续，天镇、阳高和灵丘存在不同程度气象干旱，其余地区整层墒情适宜。

附表　2021年4月28日观测点墒情　　相对湿度：%

深度/cm	平城区	云州区	阳高	天镇	左云	浑源	灵丘	广灵
0～10	43	62	42	37	94	70	48	65
10～20	77	69	50	46	81	78	53	67
20～30	78	80	61	51	86	70	70	54
30～40	79	71	68	56	87	73	49	69
40～50	87	65	45	58	89	75	50	74

三、后期主要天气过程

（一）天气趋势预测

预计2021年5月上旬全市降水特少，气温偏低。旬平均降水量1.0 mm左右，较常年同期异常偏少80%左右；旬平均气温14.0 ℃左右，较常年同期偏低0～1 ℃，旬极端最高气温为28～30 ℃，极端最低气温为－1～1 ℃。

(二)主要天气过程预报

受冷空气影响,3—4 日全市有 4～5 级短时 7 级以上大风天气,伴有沙尘,过程降温 6 ℃,局部可达到 8 ℃以上;6—7 日部分地区有分散性阵雨,降水过后全市有 6～7 级短时 8 级以上大风天气,并伴有沙尘,局部可能会出现沙尘暴,过程降温幅度 4 ℃左右;旬末还有一次弱冷空气过程。

四、服务建议

目前大同市黄花已进入青苗生长期,但近期降水偏少,大风天气使得土壤失墒加快,旱情将持续发展,不利于春苗生长。建议各地立足抗旱,集水保墒,加强黄花田间管理、及时灌溉追肥、中耕松土,以促进春苗早发旺长。

黄花气象服务专报

大同市气象台
山西省气象服务中心　　〔2021〕第6期　　5月14日

近期气象条件对黄花苗期生长影响

4月以来(4月1日—5月12日),全市降水同比显著偏少65%,尤其是5月以来基本无降水;气温接近常年同期,大风日数偏多。风大雨少,导致土壤水分蒸发加快,全市各地呈现明显旱象。

一、土壤墒情分析

5月8日各县(区)黄花观测点的测墒数据显示:天镇、左云和广灵三地整层墒情适宜,其余地区整层存在不同程度气象干旱,尤其是阳高和云州区为重度气象干旱(详细墒情见附表)。

附表　2021年5月8日观测点墒情　　相对湿度:%

深度/cm	平城区	云州区	阳高	天镇	左云	浑源	灵丘	广灵
0～10	33	32	25	72	63	41	47	62
10～20	63	36	39	80	76	60	41	60
20～30	100	60	25	78	74	64	44	68
30～40	77	60	35	73	69	54	40	76
40～50	79	50	39	75	85	60	50	63

二、黄花观测数据分析

从5月8日各观测点黄花长势情况来看,目前大同市黄花已全部进入苗期,大部分地区苗高在40 cm左右,天镇长势较差,苗高约30 cm。

三、近期主要天气过程

受冷暖空气的共同影响，预计 5 月 14—16 日大同市将出现今年以来最强的一次降雨天气过程，降雨从 14 日夜间开始，主要降水时段集中在 15 日白天，过程降雨量为 15～30 mm，局部可达 40 mm 以上。

四、服务建议

由于前期旱情显现，14—16 日降水天气对增加土壤水分，缓解当前旱情非常有利，建议相关部门及黄花种植户要密切关注天气变化，及时蓄水保墒，及时松土施肥、清除杂草、做好田间管理，促进黄花幼苗生长。

黄花气象服务专报

大同市气象台
山西省气象服务中心　〔2021〕第7期　6月4日

黄花抽薹现蕾期预测

一、前期气候特点

进入5月，全市降水总体接近常年，气温略低，日照略多，大风日数突破历史同期极高值。5月全市平均降水量为35.0 mm，较常年和去年同期均略偏少2%，各县(区)降水量为28.2 mm(平城区)～59.7 mm(左云)，主要降水过程出现在5月14—16日，其余时段降水多为分布不均的阵雨或雷阵雨。5月全市平均气温为15.6 ℃，较常年同期略偏低0.5 ℃，全月共出现81站次大风天气，平均大风日数10.1 d，较常年同期偏多6.7 d，为历史同期第一高值。

二、土壤墒情分析

5月以来，大同市多大风、少雨天气，使得部分地区旱象露头，甚至加重。根据28日各县(区)测墒数据显示：天镇和灵丘干旱严重，阳高和广灵存在一定的干旱，其他县区整层墒情适宜。

三、近期主要天气过程

预计 6 月 5—10 日全市天气以晴到多云为主，最高气温为 28～34 ℃。其中，7—8 日部分地区有阵雨或雷阵雨，10 日有小雨。

四、黄花抽薹现蕾期预测及服务建议

根据最新气象资料分析，近期全市无有效降水，结合前期土壤墒情，部分地区旱情将持续或加重。预计 6 月中旬至下旬全市黄花将陆续进入抽薹现蕾期，较常年略有偏晚。抽薹时节正是黄花需水、需肥的关键时期，如果缺水就会使抽薹延期甚至不抽薹，因此，提醒黄花种植的相关农户蓄水保墒，及时灌溉，抓住有利时机进行追肥，做好田间管理，促进黄花正常生长。

黄花气象服务专报

大同市气象台
山西省气象服务中心　　〔2021〕第8期　　6月20日

近期强对流天气对黄花抽薹期的影响

一、前期天气分析

进入6月(截至20日),全市降水偏多,气温略低,日照略少。6月全市平均降水量为41.4 mm,较常年同期偏多19%,各县(区)降水量为32.4 mm(灵丘)~46.1 mm(左云),主要降水过程出现在6月9日、13—14日、16日。6月全市平均气温为19.1 ℃,较常年同期略偏低0.8 ℃。

二、土壤墒情分析

6月中旬出现了两次明显降水,旬降水量较常年同期偏多39%。6月18日最新测墒数据显示:大部分地区旱情得到缓解或解除,天镇和灵丘墒情有所好转,但仍属于重度干旱。

三、近期天气趋势预测

预计2021年6月下旬,全市降水偏少,气温接近常年同期。旬平均降水量为15~20 mm,较常年同期偏少10%~30%;旬平均气温为21.0 ℃左右,较接近常年同期。旬极端最高气温为32~34 ℃,极端最低气温为10~12 ℃。下旬大同市多阵雨或雷阵雨,并伴有冰雹、雷暴大风、短时强降水等强对流天气,降水过程分别出现在22日、25日、27—29日。

四、黄花生产服务建议

下旬阵性降水较多,目前部分县(区)黄花已进入抽薹期,根据最新气象预报,27—29日的强对流天气对黄花的抽薹期仍将产生一定影响,尤其是天镇、广灵和灵丘等东部地区影响较重,请相关区域的黄花种植农户提前做好防范,密切关注天气变化,降水过后加强田间管理、中耕除草、灌溉施肥,促进黄花生长,力争将灾害性天气带来的影响降到最低。

黄花气象服务专报

大同市气象台
山西省气象服务中心　　〔2021〕第 9 期　　6 月 23 日

黄花采摘期预测

一、前期气候特点

进入 6 月(截至 22 日),全市降水略偏多,气温略低,日照略少。6 月全市平均降水量为 41.4 mm,较常年同期略偏多 5%,各县(区)降水量为 32.6 mm(灵丘)~46.1 mm(左云),主要降水过程出现在 6 月 9 日、13—14 日、16 日。6 月全市平均气温为 19.5 ℃,较常年同期略偏低 0.4 ℃。

二、土壤墒情分析

6 月以来,大同市多降水过程,大部分地区墒情适宜。根据 18 日各县(区)测墒数据显示:天镇和灵丘干旱严重,阳高和广灵的部分地区也存在一定的干旱,其他县区整层墒情适宜。

三、近期主要天气过程

预计 6 月 24—30 日全市天气以多云为主,24—25 日、29 日有分布不均的阵雨或雷阵雨,最高气温为 25~32 ℃。

四、黄花采摘期预测及服务建议

目前,黄花正处于花蕾期,根据最新气象资料分析,6 月下旬后期多阵性降水,结合前期土壤墒情,大部分地区适宜黄花的生长,但干旱地区仍需抓紧灌溉、施肥。

预计 6 月下旬后期到 7 月上旬全市黄花将陆续进入采摘期,提醒广大农户继续做好水肥管理,促进黄花正常生长,同时关注最新的气象预报信息,抓紧有利时机采摘、晾晒。

黄花气象服务专报

大同市气象台
山西省气象服务中心　　〔2021〕第10期　　6月30日

近期高温多雨天气对黄花病虫害的影响

一、近期气候特点

进入6月后大同市多阵雨或雷阵雨天气，全市平均降水量较常年同期偏多6%；全市平均气温接近常年同期。但6月下旬以来，平均气温较常年同期偏高1.5 ℃，其中出现了7 d 30 ℃以上的高温天气 。

高温潮湿的天气利于病虫害的发生，目前云州区党留庄和吉家庄的黄花种植基地已经出现了蚜虫、蓟马和红蜘蛛等虫害。

二、7 月上旬及 7 月天气预测

(1)7 月上旬天气预报

预计 2021 年 7 月上旬全市降水量接近常年同期,气温偏高。7 月 1—3 日全市有分布不均的阵雨或雷阵雨天气,伴有雷暴大风、短时强降水等强对流天气,其中 2 日气温下降 6 ℃左右;5 日夜间—10 日全市多阵性降水,气温变化不大。

(2)7 月气候预测

预计 2021 年 7 月全市平均降水量约 119.8 mm,各地降水量为 102～132 mm,与常年同期相比,除左云偏多 1～2 成外,其余大部分地区降水量偏多 2～3 成;全市平均气温约 22.5 ℃,各地月平均气温为 20～23 ℃,较常年偏高 0～1 ℃。

7 月主要降水过程出现在 1—3 日、5—10 日、11—13 日、17—19 日、21—22 日,期间将有降雨、降温及雷电、大风、冰雹等,其中 7 月中旬初、下旬初的过程较强;14—15 日气温仍较高。

三、未来天气对病虫害发展的影响及建议

预计 7 月大同市仍温高多雨,有利于病虫害的持续发展。目前黄花病虫害正处于防治关键期,各地区要高度重视,密切关注虫情,及时动员农户,加强田间管理,勤除杂草,及时清理枯叶,集中烧毁或深埋,将成虫或幼虫消灭在越冬前。

为了确保在采摘期间不受虫害影响,建议尽量选择安全、高效、低度、低残留的环保型农药,适期、适量对症用药、交替用药、混合用药,延缓病虫害抗药性。

黄花气象服务专报

大同市气象台

山西省气象服务中心　　〔2021〕第 11 期　　7 月 3 日

预计 7 月 5—6 日有强对流天气
请防范冰雹、大风和短时强降水对黄花影响

一、前期天气回顾

受高空冷涡影响，6 月 29 日—7 月 3 日，大同市部分地区出现了阵雨或雷阵雨，局部伴有雷暴大风、冰雹和短时强降雨等强对流天气，致使云州区、灵丘县、广灵县、天镇县四县（区）粮食、蔬菜等农作物不同程度受灾，其中，黄花也遭受冰雹袭击，花薹被击打，落花落蕾现象严重。下图为广灵县张庄村黄花地雹后受灾图片。

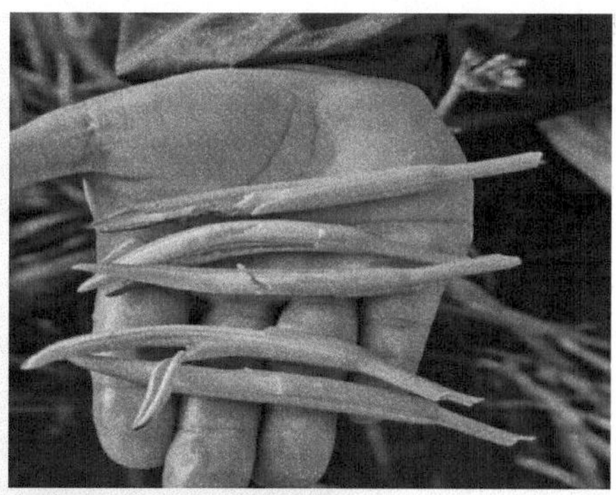

二、近期天气趋势预测

据最新的气象资料分析，预计 5—6 日大同市将再次受到高空冷涡的影响，全市将出现分布不均的阵雨或雷阵雨，并伴有雷暴大风、冰雹和短时强降水等强对流天气，东部影响较大。降水从 5 日下午开始，6 日白天基本结束，降水量级以中雨为主，局部可达大到暴雨。

三、黄花生产服务建议

前期大同市频繁出现强对流天气，使黄花落花落蕾现象严重，对黄花产量造成不利影响。目前部分县(区)黄花已进入采摘期，根据最新气象预报，5—6 日的强对流天气对黄花的生长发育仍将产生严重影响，尤其是天镇、广灵和灵丘等东部地区影响更为明显，请相关区域的黄花种植农户提前做好防范，抓紧时机采摘和晾晒，力争将灾害性天气带来的损失降到最低。

黄花气象服务专报

大同市气象台

山西省气象服务中心　　〔2021〕第 12 期　　7 月 9 日

黄花采摘期预测

一、前期气候特点

6 月下旬全市平均降水量为 19.8 mm，较常年同期略偏少 14%，各县(区)降水量为 8.4 mm(灵丘)～34.7 mm(左云)。6 月下旬全市平均气温为 22.6 ℃，较常年同期偏高 1.5 ℃。进入 7 月，强对流天气频发，1—8 日全市平均降水量同比偏多 19%，其中广灵和天镇异常偏多 115%和 212%，降水时空分布极不均匀，局部伴有雷暴大风、冰雹和短时强降雨等强对流天气，致使云州区、灵丘县、广灵县、天镇县四县(区)粮食、蔬菜等农作物不同程度受灾，其中，黄花也遭受冰雹袭击，花薹被击打，落花落蕾现象严重。

二、土壤墒情分析

7 月 1—8 日全市多分布不均的阵雨或雷阵雨天气，根据 8 日各县(区)黄花地测墒数据显示：西部和中部地区土壤相对湿度有所下降，部分地区地壤表层出现轻度干旱，原来旱情较重的东部地区降水偏多，旱情明显缓解。

三、近期主要天气过程

受高空冷涡和西南暖湿气流的共同影响，预计 7 月 11—12 日大同市将出现今年入汛以来最强降水过程，全市有中到大雨，部分地区可达暴雨，个别区域站点降水量可超过 100 mm，并伴有雷暴大风、短时强降水和冰雹等强对流天气。降雨从 11 日下午开始，13 日早晨趋于结束，主要降水时段集中在 11 日夜间到 12 日白天，12 日全市最高气温下降 8 ℃左右。

四、黄花采摘期预测及服务建议

目前部分县(区)少量黄花已能采摘，预计 7 月中旬全市黄花进入大面积采摘期，根据最新气象预报，11—12 日的强对流天气对黄花的产量形成将产生一定影响，尤其是天镇、广灵和灵丘等东部地区影响更为明显，请相关区域的黄花种植农户提前做好防范，抓紧时机采摘和晾晒，力争将灾害性天气带来的损失降到最低。

6.5.2　2022 年黄花气象服务专报

黄花气象服务专报

大同市气象台
山西省气象服务中心　　　　〔2022〕第 3 期　　　　4 月 14 日

预计 15—16 日大部地区有霜冻
需注意做好防范准备

一、前期气候特点

4 月上旬，全市降水异常偏少，气温异常偏高。全市旬内无降水，较常年同期(6.3 mm)异常偏少 100%；旬平均气温为 10.3 ℃，较常年同期异常偏高 3.3 ℃。

二、黄花土壤墒情分析

入春以来大同市降水显著偏多，各地土壤墒情得到不同程度的改善。4 月 8 日黄花地段测墒结果显示：大同市表层局部地区存在轻度干旱，深层土壤墒情基本适宜。整体来看土壤墒情基本有利于黄花出苗生长。

附表　2022 年 4 月 8 日观测点墒情　　相对湿度：%

深度/cm	平城区	云州区	阳高	天镇	左云	浑源	灵丘	广灵
0～10	89	63	64	82	81	47	53	75
10～20	90	69	84	83	92	64	58	84
20～30	98	83	91	55	84	75	50	92
30～40	97	58	81	86	81	68	62	81
40～50	99	44	88	77	94	70	68	55

注：土壤相对湿度 40%以下为严重干旱；40%～50%为中度干旱；50%～60%为轻度干旱；60%～90%为正常；90%以上为过湿。表层墒情，指 0～20 cm 的平均值，深层墒情指 20～50 cm 的平均值，下同。

三、黄花出苗情况

从 4 月 8 日各黄花观测地段的出苗情况来看，目前平城区、云州区、阳高和广灵已全部出苗，大部分地区苗高在 4 cm 左右；其余县(区)均未出苗。

广灵县张庄村(左)和云州区吉家庄(右)黄花出苗情况(4 月 8 日拍摄)

四、近期主要天气过程及服务建议

受冷空气的持续影响，14 日早晨全市各县(区)最低气温已降至－4.1～2.4 ℃，最低地面温度降至－6.8～－1.0 ℃，全市普遍出现霜冻。根据最新气象资料分析，预计 15—16 日全市最低气温将维持在 0 ℃以下，最低值将出现在 15 日早晨，各县(区)最低气温将降至－5～0 ℃，全市将再次出现大范围霜冻；17 日早晨最低气温开始缓慢回升。建议相关部门和农户及时关注天气变化，提早做好防寒、保墒和护苗等田间管理工作。

黄花主产区云州区未来 3 d 具体预报如下：

14 日夜间到 15 日白天：晴间多云，3～4 级东北风，－3～14 ℃；

15 日夜间到 16 日白天：晴转多云，3～4 级偏西风，－1～17 ℃；

16 日夜间到 17 日白天：多云转阴有小雨，3～4 级西北风，2～12 ℃。

黄花气象服务专报

大同市气象台
山西省气象服务中心　　〔2022〕第4期　　4月19日

干旱对黄花青苗生长期的影响与评估

一、前期气候特点

4月以来，全市降水异常偏少，气温异常偏高，日照偏多，大风日数偏多。全市平均降水量为0.9 mm，较常年同期异常偏少91%；平均气温为10.1 ℃，较常年同期异常偏高2.1 ℃；平均大风日数1.5 d，较常年同期略偏少0.4 d。

二、黄花土壤墒情分析

4月18日，通过对全市13个黄花观测点测墒，结果显示：目前大同市半数黄花地段表层存在轻度或中度干旱，深层总体适宜，但局部也存在轻度干旱。

附表　2021年4月18日黄花观测地段土壤墒情　　相对湿度：%

深度/cm	平城区	云州区	阳高	天镇	左云	浑源	灵丘	广灵
0～10	55	42	36	81	84	54	45	55
10～20	93	48	58	78	91	69	67	58
20～30	94	68	62	63	85	53	63	54
30～40	94	72	86	85	86	70	68	59
40～50	94	29	61	84	93	75	67	61

三、黄花出苗情况

从4月18日各黄花观测地段的出苗情况来看，目前大同市黄花已全部出苗，大部分地区苗高在10 cm左右。

广灵县张庄村(左)和云州区吉家庄(右)黄花出苗情况(4 月 18 日拍摄)

四、近期主要天气过程及服务建议

预计未来一周大同市以晴到多云天气为主,多大风天气,有两次冷空气过程,分别出现在 21 日和 25 日:21 日全市有 4～5 级短时 6 级以上西北风,局部伴有扬沙或浮尘,降温幅度 4～6 ℃,局地可达 8 ℃;25 日全市有 4～5 级短时 6 级以上西北风,降温幅度 4 ℃左右。

目前大同市黄花已进入青苗生长期,但近期降水偏少,大风天气使得土壤失墒加快,旱情将持续或发展,不利于春苗生长。建议各地立足抗旱,集水保墒,加强黄花田间管理、及时灌溉追肥、中耕松土,以促进春苗早发旺长。

黄花主产区云州区未来 3 d 具体预报如下:

19 日夜间到 20 日白天:晴间多云,4～5 级短时 6 级以上西南风, 4～24 ℃;

20 日夜间到 21 日白天:多云间晴,伴有扬沙或浮尘,4～5 级短时 6 级以上西北风,6～18 ℃;

21 日夜间到 22 日白天:晴间多云,3～4 级偏西风, 2～22 ℃。

黄花气象服务专报

大同市气象台
山西省气象服务中心　　〔2022〕第 5 期　　4 月 30 日

黄花青苗期气象条件分析

一、前期气候特点

4 月下旬，全市降水异常偏多，气温略高，日照略少。全市平均降水量为 18.0 mm，较常年同期异常偏多 143%，尤其是左云、天镇和阳高分别异常偏多 221%、259%和 311%，其中左云为建站以来的第三高值；平均气温为 12.2 ℃，较常年同期略偏高 0.3 ℃；平均日照时数 73.0 h，较常年同期略偏少 5 h。

二、黄花土壤墒情分析

4 月 28 日，通过对全市黄花观测点测墒，结果显示：土壤表层灵丘存在中度气象干旱，浑源和广灵土壤墒情适宜，其余地区土壤过湿；深层土壤墒情基本适宜。

附表　2022 年 4 月 28 日黄花观测地段土壤墒情　　相对湿度：%

深度/cm	平城区	云州区	阳高	天镇	左云	浑源	灵丘	广灵
0～10	99	100	100	100	99	70	47	88
10～20	99	97	100	99	99	69	49	73
20～30	97	100	95	88	84	65	61	80
30～40	95	70	88	72	75	71	64	76
40～50	96	49	86	81	90	66	68	85

三、黄花生长情况

从 4 月 28 日各黄花观测地段的出苗情况来看，目前大同市黄花均处于青苗期，天镇、左云和灵丘苗高在 15 cm 左右，平城区、阳高苗高在 20 cm 左右，浑源和广灵苗高在 25 cm 左右，云州区苗高在 30 cm 左右。

左云县(左)和云州区中高庄(右)黄花生长情况(4 月 28 日拍摄)

四、服务建议

4 月 27 日的降水有效补充了土壤水分,缓解了前期旱情。建议相关部门及黄花种植户,及时中耕施肥,确保黄花健壮生长。

黄花气象服务专报

大同市气象台
山西省气象服务中心　　〔2022〕第6期　　5月10日

近期大同市将出现降水、大风和降温天气 需防范大风降温对苗期生长的影响

一、前期气候特点

5月以来，全市降水异常偏多，气温略低，日照略少。全市平均降水量为16.6 mm，较常年同期异常偏多113%，尤其是左云和灵丘均异常偏多179%；平均气温为14.2 ℃，较常年同期略偏低0.4 ℃；平均日照时数53.9 h，较常年同期偏少14.3 h。

二、黄花土壤墒情分析

5月8日，通过对全市各县(区)黄花观测点进行测墒，结果显示：表层除平城区、云州区和左云土壤过湿外，其余地区墒情适宜；深层除平城区土壤过湿外，其余地区墒情基本适宜。

附表　2022年5月8日黄花观测地段土壤墒情　　相对湿度：%

深度/cm	平城区	云州区	阳高	天镇	左云	浑源	灵丘	广灵
0～10	99	100	84	91	99	75	63	91
10～20	98	89	61	84	99	67	73	84
20～30	97	100	53	82	92	63	68	87
30～40	95	78	73	84	81	59	54	82
40～50	93	78	90	81	88	60	68	92

三、黄花生长情况

从目前黄花观测地段的青苗长势看，天镇苗高在16 cm左右，阳高、灵丘苗高在20 cm左右，平城区、左云苗高在25 cm左右，浑源在40 cm左右，云州区、广灵苗高在45 cm左右。

天镇县(左)和云州区东水地(右)黄花生长情况(5 月 8 日拍摄)

四、近期主要天气过程及服务建议

5 月 7 日全市出现的大范围降水,有效地补充了土壤水分,缓解了前期旱情,对黄花的青苗生长非常有利。根据最新的气象资料分析,预计 5 月 10—12 日全市还将出现降水、大风和降温天气,降水时间出现在 10 日白天和 11 日夜间,以阵雨或雷阵雨为主;大风主要出现在 10 日白天,有 4～5 级短时 6 级或以上的偏西风;降温从 11 日开始,过程降温幅度为 6～8 ℃,局地可达 10 ℃。建议相关部门和广大黄花种植户及时关注天气变化,提早做好防寒、防风和护苗等田间管理工作。

黄花气象服务专报

大同市气象台
山西省气象服务中心　　　　〔2022〕第 7 期　　　　5 月 19 日

黄花抽薹现蕾期预测

一、前期气候特点

5 月以来，全市降水略偏少，气温偏低，日照略少。全市平均降水量为 16.8 mm，较常年同期略偏少 19%；平均气温 13.4 ℃，较常年同期偏低 1.6 ℃；平均日照时数 139.3 h，较常年同期偏少 12.5 h。

二、黄花地段土壤墒情分析

5 月 18 日，通过对全市各县(区)黄花观测点进行测墒，结果显示：表层除浑源和灵丘处于重度干旱外，其余地区墒情适宜；深层除灵丘轻度干旱外，其余地区墒情基本适宜。

附表　2022 年 5 月 18 日黄花观测地段土壤墒情　　　相对湿度：%

深度/cm	平城区	云州区	阳高	天镇	左云	浑源	灵丘	广灵
0～10	54	78	54	76	69	33	38	66
10～20	74	71	88	76	83	62	51	61
20～30	81	95	86	85	86	63	51	60
30～40	74	62	90	84	81	63	46	59
40～50	82	81	85	82	93	63	66	61

三、黄花生长情况

从目前黄花观测地段的青苗长势看，天镇、灵丘苗高在 37 cm 左右，左云、平城区苗高在 45 cm 左右，阳高苗高在 50 cm 左右，云州区在 55 cm 左右，浑源、广灵苗高在 60 cm 左右。

云州区东水地(左)和云州区(右)病虫害(5 月 18 日拍摄)

四、近期主要天气过程及服务建议

5 月 8 日后全市基本无降水,风力较大,土壤墒情下降,局部墒情较差,部分地区黄花出现病虫害。根据最新的气象资料分析,预计未来一周大同市天气以晴到多云为主,20 日午后局地有阵雨或雷阵雨,23—24 日大同市有一次较明显的降雨过程,降雨过后,全市气温明显下降,降温幅度可达 6~8 ℃,并有 4~5 级短时 7 级或以上偏北风。

预计 5 月下旬至 6 月上中旬全市黄花将陆续进入抽薹现蕾期,抽薹时节正是黄花需水、需肥的关键时期,如果缺水就会使抽薹延期甚至不抽薹。因此,提醒黄花种植的相关农户蓄水保墒,及时灌溉,抓住有利时机进行追肥,并采取有效措施防治病虫害,做好田间管理,促进黄花正常生长。

黄花气象服务专报

大同市气象台
山西省气象服务中心　　〔2022〕第8期　　5月30日

黄花抽薹气象条件分析

一、前期气候特点

自5月18日进行黄花观测以来，全市降水显著偏少，气温偏高，日照略少。全市平均降水量为2.7 mm，较常年同期显著偏少79%；平均气温19.4 ℃，较常年同期偏高1.7 ℃；平均日照时数101.1 h，较常年同期偏少1.7 h。

二、黄花地段土壤墒情分析

5月18日测墒后，大同市于5月22日、24日和29日出现过三次阵雨天气，降水量普遍偏小且分布不均，土壤水分得不到有效补充，大部分地区墒情下降明显。5月28日，通过对全市各县(区)黄花观测点进行测墒，结果显示：除左云和广灵表层墒情适宜外，其他地区均存在不同程度气象干旱，深层墒情普遍略好于表层。

附表　2022年5月28日黄花观测地段土壤墒情　　相对湿度：%

深度/cm	平城区	云州区	阳高	天镇	左云	浑源	灵丘	广灵
0～10	33	38	26	55	54	29	39	50
10～20	52	43	37	60	71	43	42	70
20～30	72	65	43	73	77	52	44	79
30～40	81	60	52	72	66	52	40	70
40～50	82	43	40	65	69	54	45	49

三、黄花生长情况

从发育期来看，目前大同市黄花开始进入抽薹期；从黄花观测地段的长势来看，灵丘苗高在50 cm左右，阳高、天镇苗高在60 cm左右，云州区、平城区、浑源苗高在70 cm左右，广灵苗高在86 cm左右。

云州区吉家庄(左)和灵丘(右)黄花生长情况(5月28日拍摄)

四、近期主要天气过程及服务建议

黄花开始进入抽薹期后,对水肥的需求量会明显增大。从28日全市的观测情况来看,部分黄花地段已经进行了灌溉。根据预测,未来一周大同市有效降水仍然偏少,因此建议还没有进行灌溉的种植户,一定要及时浇水施肥、中耕松土,保障黄花能够正常抽薹。

黄花气象服务专报

大同市气象台
山西省气象服务中心　　〔2022〕第 9 期　　6 月 9 日

近期天气对黄花生长发育的影响

一、前期气候特点

自 5 月 28 日黄花观测以来，全市降水偏多，但时空分布不均，气温略高，日照偏多。全市平均降水量为 17.5 mm，较常年同期偏多 28%；平均气温 19.8 ℃，较常年同期略偏高 0.6 ℃；平均日照时数 126.4 h，较常年同期偏多 19.4 h。

二、黄花地段土壤墒情分析

6 月 3—4 日大同市出现了明显的降水天气。全市平均降水量为 15.9 mm，各县(区)降水量为 4.3～42.5 mm。降水分布不均，雨量偏大地区旱情缓解，雨量偏小地区旱情继续发展。6 月 8 日，通过对全市各县(区)黄花观测点进行测墒，结果显示：大部分地区黄花地墒情较上次测墒结果变化不大，旱象依然明显。

附表　2022 年 6 月 8 日黄花观测地段土壤墒情　　相对湿度：%

深度/cm	平城区	云州区	阳高	天镇	左云	浑源	灵丘	广灵
0～10	36	75	44	49	47	38	42	66
10～20	48	63	50	62	50	46	48	79
20～30	68	65	50	66	46	57	46	55
30～40	70	48	44	67	55	61	51	60
40～50	70	37	34	65	66	58	51	51

三、黄花生长情况

从发育期来看，目前天镇、云州区、左云、广灵进入抽薹期，薹高为 8～54 cm；从黄花观测地段的长势来看，云州区、阳高、天镇、左云、灵丘苗高在 70 cm 左右，平城区和浑源苗高在 90 cm 左右，广灵苗高超过了 100 cm。

云州区吉家庄(左)和灵丘(右)黄花生长情况(6 月 8 日拍摄)

四、近期主要天气过程及服务建议

目前部分县(区)黄花已进入抽薹期,根据最新气象资料分析,预计 6 月 10—13 日大同市多分散性的阵雨或雷阵雨。降雨时段主要出现在 10 日夜间—11 日白天,以雷阵雨为主,伴有雷暴大风、冰雹、短时强降水等强对流天气。雷阵雨渗透率低,建议有条件的地段继续灌溉,促进黄花抽薹。强对流天气对黄花成长有一定影响,请相关区域的黄花种植农户密切关注天气变化,提前做好防范措施,力争将灾害性天气带来的影响降到最低。

黄花气象服务专报

大同市气象台
山西省气象服务中心　　〔2022〕第 10 期　　6 月 20 日

近期高影响天气对黄花现蕾期的影响

一、前期气候特点

自 6 月 8 日以来，全市降水偏少，气温略高，日照偏少，多冰雹等强对流天气。全市平均降水量为 16.2 mm，较常年同期偏少 21%；平均气温 20.7 ℃，较常年同期略偏高 0.3 ℃；平均日照时数 87.9 h，较常年同期偏少 6 h；6 月 10 日夜间阳高、天镇等地出现冰雹，17 日阳高、天镇、浑源、灵丘和广灵等地出现冰雹，最大直径达到 4～5 cm，致使玉米、谷子、瓜类、杏树、李树等多种农作物和经济林果受灾。

二、黄花地段土壤墒情分析

6 月 8—18 日大同市出现了分布不均的阵雨或雷阵雨，各县（区）降水量为 4.3～25.8 mm，灵丘、广灵雨量偏大，旱情有所缓解，雨量偏小地区旱情继续发展。6 月 18 日，通过对全市各县（区）黄花观测点进行测墒，结果显示：除云州区、阳高的黄花地段进行了灌溉，湿度较大外，其余地区黄花地段墒情与上次测墒结果相比变化不大，旱象依然明显。

附表　2022 年 6 月 18 日黄花观测地段土壤墒情　　相对湿度：%

深度/cm	平城区	云州区	阳高	天镇	左云	浑源	灵丘	广灵
0～10	36	65	83	41	35	42	79	69
10～20	61	90	92	42	42	51	88	65
20～30	77	81	93	51	40	52	85	76
30～40	74	54	88	52	45	57	69	66
40～50	70	44	86	54	58	56	62	82

三、黄花生长情况

目前全市黄花均进入抽薹期，薹高为 15～90 cm，其中灵丘薹高最低为 15 cm，广灵薹高最高为 90 cm，其余地区薹高为 70 cm 左右；苗高为 78～110 cm，其中云州区、阳高、天镇、灵丘苗高在 80 cm 左右，左云和浑源苗高在 90 cm 左右，平城区和广灵苗高超过了 100 cm。

灵丘（左）和云州区吉家庄（右）黄花生长情况（6 月 18 日拍摄）

四、近期主要天气过程及服务建议

根据最新气象资料分析，预计 6 月 22 日大同市有分布不均的阵雨或雷阵雨，并伴有雷暴大风、局地冰雹、短时强降水等强对流天气。雷暴大风、冰雹等高影响天气可能对处于现蕾期的黄花有一定影响。近期大同市无大范围降水天气，预计部分地区的旱情将持续或加重，建议有条件的地段继续灌溉、缓解旱情，促进黄花生长。汛期天气复杂多变，请广大黄花种植农户密切关注最新预报预警信息，提前做好防范措施，力争将不利影响降到最低。

黄花气象服务专报

大同市气象台
山西省气象服务中心　　〔2022〕第 11 期　　6 月 30 日

黄花采摘期预测

一、前期气候特点

自 6 月 18 日以来，全市降水偏多，气温偏高，日照偏少，多阵雨或雷阵雨，并伴有雷暴大风、短时强降水和冰雹等强对流天气。全市平均降水量为 39.2 mm，较常年同期异常偏多 98%，各县(区)降水量为 24.7～60.7 mm；全市平均气温为 23.2 ℃，较常年同期偏高 1.9 ℃；全市平均日照时数为 64.1 h，较常年同期偏少 14.8 h。6 月 19—25 日大同市以高温天气为主，期间多次出现分布不均的阵雨或雷阵雨，局部出现冰雹，连续的高温使全市大部分地区出现了不同程度的干旱；6 月 26—29 日，由于高空低涡的维持，大同市持续出现阵雨或雷阵雨，并伴有雷暴大风、短时强降水和冰雹等强对流天气，部分地区出现风雹和洪涝灾害，对黄花造成了一定程度的损害。

二、黄花地段土壤墒情分析

6 月 18—29 日全市降水总体偏多，使前期旱情得到了有效缓解。6 月 28 日，通过对全市各县(区)黄花观测点进行测墒，结果显示：表层土壤墒情中，平城区、天镇过湿，浑源存在轻度气象干旱，其余县(区)墒情适宜；深层土壤墒情中，阳高气象干旱严重，左云属于中度气象干旱，天镇和浑源属于轻度气象干旱，其余县(区)墒情适宜。

附表　2022 年 6 月 28 日黄花观测地段土壤墒情　　相对湿度：%

深度/cm	平城区	云州区	阳高	天镇	左云	浑源	灵丘	广灵
0～10	97	67	84	100	82	58	69	76
10～20	98	70	60	94	45	53	67	81
20～30	96	67	49	49	44	53	91	76
30～40	82	45	31	60	43	55	79	69
40～50	75	82	27	58	45	51	63	65

三、黄花生长情况

目前全市黄花均处于抽薹现蕾期，薹高为 71～110 cm，其中平城区薹高最低为

71 cm，广灵薹高最高为 110 cm；苗高为 78～110 cm，其中云州区、阳高、天镇、灵丘苗高在 80 cm 左右，左云和浑源苗高在 90 cm 左右，平城区和广灵苗高超过了 100 cm。

广灵（左）和云州区东水地（右）黄花生成情况（6 月 28 日拍摄）

四、黄花采摘期预测及服务建议

从本次黄花观测结果，结合近期的气候特点来看，预计 7 月上旬至中旬初，全市黄花将陆续进入大面积采摘期。根据预测，未来一周大同市仍多降水天气，其中 7 月 2—3 日大同市有小到中雨，局部大雨，7 月 4—5 日全市有分布不均的阵雨或雷阵雨，并伴有雷暴大风、局地冰雹、短时强降水等强对流天气，7 月 6—8 日全市出现高温天气。降水天气偏多、光照不足，都将不利于黄花的采摘和晾晒；而雷暴大风、冰雹等强对流天气又容易造成黄花落蕾现象。因此，建议广大黄花种植农户和合作社要密切关注最新预报预警信息，提前做好防范准备，抓住降雨间歇和有利的天气条件，及时采摘晾晒，力争将不利影响降到最低。

6.5.3　2022 年黄花采摘期专题预报

黄花采摘期专题天气预报

大同市气象台
山西省气象服务中心　　〔2022〕第 12 期　　7 月 6 日 16 时

一、未来天气展望

未来 3 d 全市以高温晴热天气为主，8 日午后部分地区有阵雨或雷阵雨，局地伴有雷暴大风、短时强降水等强对流天气，最高气温维持在 30 ℃以上。

二、近期天气预报

云州区产区：

6 日夜间：晴，最低气温 16 ℃；

7 日白天：晴，3～4 级西南风，最高气温 34 ℃；

7 日夜间：晴，最低气温 20 ℃；

8 日白天：晴转多云，午后局部有阵雨或雷阵雨，3～4 级东北风，最高气温 33 ℃；

8 日夜间：晴，最低气温 16 ℃；

9 日白天：多云间晴，3～4 级东南风，最高气温 31 ℃。

天镇产区：

6 日夜间：晴，最低气温 16 ℃；

7 日白天：晴，3～4 级西南风，最高气温 33 ℃；

7 日夜间：晴，最低气温 19 ℃；

8 日白天：晴转多云，午后有分散性阵雨或雷阵雨，3～4 级东北风，最高气温 32 ℃；

8 日夜间：晴，最低气温 17 ℃；

9 日白天：多云间晴，3～4 级东南风，最高气温 30 ℃。

广灵产区：

6 日夜间：晴，最低气温 16 ℃；

7日白天:晴,3～4级西南风,最高气温32 ℃;

7日夜间:晴,最低气温18 ℃;

8日白天:晴转多云,午后有分散性阵雨或雷阵雨,3～4级东北风,最高气温32 ℃;

8日夜间:晴,最低气温16 ℃;

9日白天:多云间晴,3～4级东南风,最高气温30 ℃。

灵丘产区:

6日夜间:晴,最低气温16 ℃;

7日白天:晴,3～4级西南风,最高气温34 ℃;

7日夜间:晴,最低气温19 ℃;

8日白天:晴转多云,午后有阵雨或雷阵雨,3～4级东北风,最高气温34 ℃;

8日夜间:晴,最低气温17 ℃;

9日白天:多云间晴,3～4级东南风,最高气温30 ℃。

三、生产建议

目前全市黄花陆续进入采摘期,8日部分地区有分散性阵雨或雷阵雨,建议种植基地、种植合作社和广大农户密切关注最新天气预报和预警信息,抓住有利时机,开展采摘和晾晒工作。

黄花采摘期专题天气预报

大同市气象台
山西省气象服务中心　　〔2022〕第 14 期　　7 月 11 日 16 时

一、未来天气展望

未来 3 d 全市以多云到晴天气为主，11 日夜间全市大部分地区有小雨，东南部局部地区有中到大雨，并伴有短时强降水等强对流天气；12 日局部地区有阵雨或雷阵雨，并可能伴有雷暴大风、短时强降水等强对流天气；13—14 日以晴间多云为主，气温快速回升，最高气温达 30 ℃以上。

二、近期天气预报

云州区产区：

11 日夜间：阴有小雨，最低气温 17 ℃；
12 日白天：多云间晴，3～4 级偏南风，最高气温 27 ℃；
12 日夜间：晴间多云，最低气温 17 ℃；
13 日白天：晴间多云，3～4 级东北风，最高气温 33 ℃；
13 日夜间：晴间多云，最低气温 16 ℃；
14 日白天：晴间多云，3～4 级东北风，最高气温 32 ℃。

天镇产区：

11 日夜间：阴有小雨，最低气温 16 ℃；
12 日白天：多云，有阵雨，3～4 级偏南风，最高气温 26 ℃；
12 日夜间：晴间多云，最低气温 16 ℃；
13 日白天：晴间多云，3～4 级东北风，最高气温 32 ℃；
13 日夜间：晴间多云，最低气温 16 ℃；
14 日白天：晴间多云，3～4 级东北风，最高气温 31 ℃。

广灵产区：

11 日夜间：阴，有中雨，最低气温 16 ℃；
12 日白天：多云，有阵雨，3～4 级偏南风，最高气温 25 ℃；

12 日夜间：多云间晴，最低气温 15 ℃；
13 日白天：晴间多云，3～4 级东北风，最高气温 31 ℃；
13 日夜间：晴间多云，最低气温 15 ℃；
14 日白天：晴间多云，3～4 级东北风，最高气温 30 ℃。

灵丘产区：

11 日夜间：阴，有中到大雨，最低气温 17 ℃；
12 日白天：多云，有阵雨，3～4 级偏南风，最高气温 25 ℃；
12 日夜间：多云间晴，最低气温 17 ℃；
13 日白天：晴间多云，3～4 级东北风，最高气温 31 ℃；
13 日夜间：晴间多云，最低气温 16 ℃；
14 日白天：晴间多云，3～4 级东北风，最高气温 32 ℃。

三、生产建议

目前，大同市黄花已进入采摘期，未来 3 d 全市以多云到晴天气为主，但 11 日夜间—12 日白天四大主产区都有阵雨或雷阵雨，其中广灵和灵丘雨量偏大，建议各地黄花种植户根据实际情况，合理调配采摘时间，抓住降水间隙开展采摘、晾晒工作，同时密切关注最新天气预报和预警信息，防范强对流天气造成的不利影响。

黄花采摘期专题天气预报

大同市气象台
山西省气象服务中心　　〔2022〕第 15 期　　7 月 13 日 16 时

一、未来天气展望

未来 3 d 全市以晴到多云天气为主，15 日夜间东南部局部地区有阵雨或雷阵雨，并伴有短时强降水等强对流天气，最高气温为 29～33 ℃。

二、近期天气预报

云州区产区：

13 日夜间：晴间多云，最低气温 16 ℃；
14 日白天：晴间多云，3～4 级偏东风，最高气温 32 ℃；
14 日夜间：晴间多云，最低气温 18 ℃；
15 日白天：多云间晴，3～4 级偏东风，最高气温 30 ℃；
15 日夜间：多云，最低气温 18 ℃；
16 日白天：多云间晴，3～4 级偏南风，最高气温 32 ℃。

天镇产区：

13 日夜间：晴间多云，最低气温 16 ℃；
14 日白天：晴间多云，3～4 级偏东风，最高气温 31 ℃；
14 日夜间：晴间多云，最低气温 19 ℃；
15 日白天：多云间晴，3～4 级偏东风，最高气温 29 ℃；
15 日夜间：多云，最低气温 19 ℃；
16 日白天：多云间晴，3～4 级偏南风，最高气温 32 ℃。

广灵产区：

13 日夜间：晴间多云，最低气温 16 ℃；
14 日白天：晴间多云，3～4 级偏东风，最高气温 30 ℃；
14 日夜间：晴间多云，最低气温 18 ℃；
15 日白天：多云间晴，3～4 级偏东风，最高气温 30 ℃；

15 日夜间：多云，局部地区有阵雨或雷阵雨，最低气温 17 ℃；

16 日白天：多云间晴，3～4 级偏南风，最高气温 31 ℃。

灵丘产区：

13 日夜间：晴间多云，最低气温 17 ℃；

14 日白天：晴间多云，3～4 级偏东风，最高气温 33 ℃；

14 日夜间：晴间多云，最低气温 20 ℃；

15 日白天：多云间晴，3～4 级偏东风，最高气温 30 ℃；

15 日夜间：多云，局部地区有阵雨或雷阵雨，最低气温 19 ℃；

16 日白天：多云间晴，3～4 级偏南风，最高气温 31 ℃。

三、生产建议

目前，大同市黄花已进入采摘期，未来 3 d 全市以晴到多云天气为主，建议种植基地、种植合作社和广大农户抓住有利时机，合理调配采摘时间，积极开展采摘、晾晒工作。另外，由于前期降雨频繁，湿度较大，需继续做好病虫害的监测与预防。

黄花采摘期专题天气预报

大同市气象台

山西省气象服务中心　　〔2022〕第17期　　7月18日16时

一、未来天气展望

未来3 d全市以多云到晴天气为主,大部分地区最高气温维持在30 ℃以上。

二、近期天气预报

云州区产区:

18日夜间:多云间晴,最低气温16 ℃;

19日白天:多云间晴,3～4级西南风,最高气温30 ℃;

19日夜间:多云间晴,最低气温16 ℃;

20日白天:晴间多云,3～4级东南风,最高气温31 ℃;

20日夜间:晴间多云,最低气温17 ℃;

21日白天:晴间多云,3～4级西南风,最高气温33 ℃。

天镇产区:

18日夜间:多云间晴,最低气温16 ℃;

19日白天:多云间晴,3～4级西南风,最高气温29 ℃;

19日夜间:多云间晴,最低气温16 ℃;

20日白天:晴间多云,3～4级东南风,最高气温31 ℃;

20日夜间:晴间多云,最低气温17 ℃;

21日白天:晴间多云,3～4级西南风,最高气温33 ℃。

广灵产区:

18日夜间:多云间晴,最低气温14 ℃;

19日白天:多云间晴,3～4级西南风,最高气温29 ℃;

19日夜间:多云间晴,最低气温16 ℃;

20日白天:晴间多云,3～4级东南风,最高气温31 ℃;

20日夜间:晴间多云,最低气温15 ℃;

21 日白天：晴间多云，3～4 级西南风，最高气温 33 ℃。

灵丘产区：

18 日夜间：多云间晴，最低气温 16 ℃；

19 日白天：多云间晴，3～4 级西南风，最高气温 29 ℃；

19 日夜间：多云间晴，最低气温 16 ℃；

20 日白天：多云间晴，有阵雨或雷阵雨，3～4 级东南风，最高气温 30 ℃；

20 日夜间：晴间多云，最低气温 16 ℃；

21 日白天：晴间多云，3～4 级西南风，最高气温 33 ℃。

三、生产建议

目前，全市黄花处于采摘盛期，未来 3 d 全市无明显降水过程，建议种植基地、种植合作社和广大农户抓住有利时机，开展采摘、晾晒工作。近期降水偏少，气温持续偏高，部分黄花地段已出现不同程度气象干旱，建议各地加强管理，适时进行田间灌溉，提高黄花产量。

黄花采摘期专题天气预报

大同市气象台
山西省气象服务中心　　〔2022〕第 18 期　　7 月 20 日 16 时

一、黄花地段土壤墒情分析

7 月 18 日，通过对全市各县(区)黄花观测点进行测墒，结果显示：表层土壤墒情中，除广灵墒情适宜外，其余县(区)都存在不同程度的干旱，其中平城区、阳高和左云属于严重气象干旱，云州区属于中度气象干旱，天镇、浑源和灵丘属于轻度气象干旱；深层土壤墒情中，左云属于严重气象干旱，阳高属于中度气象干旱，天镇和云州区属于轻度气象干旱，其余县(区)墒情适宜。

附表　2022 年 7 月 18 日黄花观测地段土壤墒情　　相对湿度：%

深度/cm	平城区	云州区	阳高	天镇	左云	浑源	灵丘	广灵
0～10	12	39	34	44	39	41	45	63
10～20	14	48	43	63	36	59	59	72
20～30	50	54	39	59	35	64	81	75
30～40	78	62	39	60	32	57	71	85
40～50	81	44	56	59	41	59	65	63

二、未来天气展望

未来 3 d 全市以晴到多云天气为主，其中 22 日大同市有分布不均的阵雨或雷阵雨，局地伴有雷暴大风、短时强降水和冰雹等强对流天气，部分地区雨量为中雨，局部可达大雨；最高气温明显下降，降温幅度达 6～8 ℃。

三、近期天气预报

云州区产区：

20 日夜间：晴间多云，最低气温 18 ℃；

21 日白天：晴间多云，3～4 级西南风，最高气温 34 ℃；

21 日夜间：多云，最低气温 18 ℃；
22 日白天：多云，有阵雨或雷阵雨，3～4 级偏南风，最高气温 28 ℃；
22 日夜间：多云，最低气温 14 ℃；
23 日白天：晴间多云，3～4 级偏东风，最高气温 30 ℃。

天镇产区：
20 日夜间：晴间多云，最低气温 18 ℃；
21 日白天：晴间多云，3～4 级西南风，最高气温 34 ℃；
21 日夜间：多云，最低气温 18 ℃；
22 日白天：多云，有阵雨或雷阵雨，3～4 级偏南风，最高气温 28 ℃；
22 日夜间：多云，最低气温 14 ℃；
23 日白天：晴间多云，3～4 级偏东风，最高气温 30 ℃。

广灵产区：
20 日夜间：晴间多云，最低气温 16 ℃；
21 日白天：晴间多云，3～4 级西南风，最高气温 32 ℃；
21 日夜间：多云，最低气温 18 ℃；
22 日白天：多云，有阵雨或雷阵雨，3～4 级偏南风，最高气温 27 ℃；
22 日夜间：多云，最低气温 14 ℃；
23 日白天：晴间多云，3～4 级偏东风，最高气温 29 ℃。

灵丘产区：
20 日夜间：晴间多云，最低气温 16 ℃；
21 日白天：晴间多云，3～4 级西南风，最高气温 33 ℃；
21 日夜间：多云，最低气温 18 ℃；
22 日白天：多云，有阵雨或雷阵雨，3～4 级偏南风，最高气温 28 ℃；
22 日夜间：多云，最低气温 15 ℃；
23 日白天：晴间多云，3～4 级偏东风，最高气温 30 ℃。

四、生产建议

目前，全市黄花仍处于采摘盛期，由于前期降水偏少，气温持续偏高，部分黄花地段已出现不同程度的气象干旱，尤其是旱地黄花旱情较严重。22 日出现的阵雨或雷阵雨可以使前期旱情得到一定的缓解，但采摘期黄花需水量较大，建议种植基地、种植合作社和广大农户加强管理，及时进行田间灌溉，提高黄花产量；同时合理调配采摘时间，抓住有利天气条件开展采摘、晾晒工作。

黄花采摘期专题天气预报

大同市气象台
山西省气象服务中心　　〔2022〕第 19 期　　7 月 22 日 16 时

一、未来天气展望

未来 3 d 全市以多云天气为主，24—25 日有分布不均的阵雨或雷阵雨，局部有中到大雨，局地伴有雷暴大风、短时强降水和冰雹等强对流天气，白天气温仍较高。

二、近期天气预报

云州区产区：
22 日夜间：多云，最低气温 14 ℃；
23 日白天：晴间多云，3～4 级偏西风，最高气温 30 ℃；
23 日夜间：晴间多云，最低气温 15 ℃；
24 日白天：晴转多云，有阵雨或雷阵雨，3～4 级西南风，最高气温 33 ℃；
24 日夜间：多云，最低气温 18 ℃；
25 日白天：多云，有阵雨或雷阵雨，3～4 级西南风，最高气温 31 ℃。

天镇产区：
22 日夜间：多云，有阵雨，最低气温 15 ℃；
23 日白天：晴间多云，3～4 级偏西风，最高气温 30 ℃；
23 日夜间：晴间多云，最低气温 16 ℃；
24 日白天：晴转多云，有阵雨或雷阵雨，3～4 级西南风，最高气温 33 ℃；
24 日夜间：多云，最低气温 18 ℃；
25 日白天：多云，有阵雨或雷阵雨，3～4 级西南风，最高气温 31 ℃。

广灵产区：
22 日夜间：多云，有阵雨，最低气温 14 ℃；
23 日白天：晴间多云，3～4 级偏西风，最高气温 29 ℃；
23 日夜间：晴间多云，最低气温 14 ℃；
24 日白天：晴转多云，有阵雨或雷阵雨，3～4 级西南风，最高气温 32 ℃；

24 日夜间：多云，最低气温 16 ℃；

25 日白天：多云，有阵雨或雷阵雨，3～4 级西南风，最高气温 30 ℃。

灵丘产区：

22 日夜间：多云，有阵雨，最低气温 15 ℃；

23 日白天：晴间多云，3～4 级偏西风，最高气温 30 ℃；

23 日夜间：晴间多云，最低气温 16 ℃；

24 日白天：晴转多云，有阵雨或雷阵雨，3～4 级西南风，最高气温 33 ℃；

24 日夜间：多云，最低气温 17 ℃；

25 日白天：多云，有阵雨或雷阵雨，3～4 级西南风，最高气温 31 ℃。

三、生产建议

目前，大同市黄花仍处于采摘盛期。22 日全市出现分布不均的阵雨或雷阵雨，使部分地区的旱情略有缓解，但由于采摘期黄花需水量较大，因此，22 日的降雨远远不能满足黄花对水分的需求，且近期无大范围的透雨，建议种植基地、种植合作社和广大农户加强管理，继续田间灌溉，以提高黄花产量；同时合理调配采摘时间，抓住有利天气条件开展采摘和晾晒工作。

黄花采摘期专题天气预报

大同市气象台
山西省气象服务中心　　〔2022〕第20期　　7月25日16时

一、未来天气展望

未来3 d大同市多降水天气，并伴有雷暴大风、短时强降水和冰雹等强对流天气。其中26—27日雨量较大，最高气温有所下降。

二、近期天气预报

云州区产区：

25日夜间：多云，局部阵雨，最低气温17 ℃；
26日白天：多云间晴，有阵雨或雷阵雨，3～4级西南风，最高气温29 ℃；
26日夜间：多云，有中雨，最低气温16 ℃；
27日白天：阴，有小到中雨，3～4级西南风，最高气温24 ℃；
27日夜间：多云，最低气温15 ℃；
28日白天：多云间晴，3～4级西北风，最高气温29 ℃。

天镇产区：

25日夜间：多云，局部阵雨，最低气温18 ℃；
26日白天：多云间晴，有阵雨或雷阵雨，3～4级西南风，最高气温28 ℃；
26日夜间：多云，有阵雨或雷阵雨，最低气温16 ℃；
27日白天：阴，有小到中雨，3～4级西南风，最高气温24 ℃；
27日夜间：多云，有阵雨或雷阵雨，最低气温16 ℃；
28日白天：多云间晴，3～4级西北风，最高气温28 ℃。

广灵产区：

25日夜间：多云，局部阵雨，最低气温16 ℃；
26日白天：多云间晴，有阵雨或雷阵雨，3～4级西南风，最高气温27 ℃；
26日夜间：多云，有中雨，最低气温16 ℃；
27日白天：阴有中雨，局部暴雨，3～4级西南风，最高气温23 ℃；

27 日夜间:多云,有阵雨或雷阵雨,最低气温 14 ℃;

28 日白天:多云间晴,3～4 级西北风,最高气温 28 ℃。

灵丘产区:

25 日夜间:多云,局部阵雨,最低气温 17 ℃;

26 日白天:多云间晴,有阵雨或雷阵雨,3～4 级西南风,最高气温 28 ℃;

26 日夜间:多云,有阵雨或雷阵雨,最低气温 16 ℃;

27 日白天:阴有中雨,局部暴雨,3～4 级西南风,最高气温 23 ℃;

27 日夜间:多云,有阵雨或雷阵雨,最低气温 15 ℃;

28 日白天:多云间晴,3～4 级西北风,最高气温 29 ℃。

三、生产建议

目前全市黄花正处于盛采期,26—27 日的大范围降水有利于缓解前期旱情,满足黄花采摘期对水分的需求;但频繁的降水,不利于黄花大面积户外晾晒,建议种植基地、种植合作社和广大农户及时关注最新的预报预警信息,抢抓降水间隙开展采摘和晾晒工作。另外,近期连续降水,会使空气湿度增大,需警惕黄花受潮,发霉变质。

黄花采摘期专题天气预报

大同市气象台
山西省气象服务中心　　〔2022〕第 21 期　　7 月 27 日 16 时

一、未来天气展望

未来 3 d 大同市以多云天气为主，局部有阵雨或雷阵雨，最高气温将回升至 30 ℃左右。

二、近期天气预报

云州区产区：

27 日夜间：多云，最低气温 14 ℃；
28 日白天：晴间多云，3 级东南风，最高气温 30 ℃；
28 日夜间：晴间多云，最低气温 16 ℃；
29 日白天：多云间晴，3 级东南风，最高气温 30 ℃；
29 日夜间：多云，最低气温 17 ℃；
30 日白天：多云，3～4 级西南风，最高气温 31 ℃。

天镇产区：

27 日夜间：多云，最低气温 15 ℃；
28 日白天：晴间多云，3 级东南风，最高气温 29 ℃；
28 日夜间：晴间多云，最低气温 16 ℃；
29 日白天：多云间晴，3 级东南风，最高气温 30 ℃；
29 日夜间：多云，最低气温 16 ℃；
30 日白天：多云，3～4 级西南风，最高气温 31 ℃。

广灵产区：

27 日夜间：阵雨转多云，最低气温 14 ℃；
28 日白天：晴间多云，3 级东南风，最高气温 28 ℃；
28 日夜间：晴间多云，最低气温 15 ℃；
29 日白天：多云间晴，3 级东南风，最高气温 30 ℃；

29 日夜间：多云，最低气温 15 ℃；

30 日白天：多云，3～4 级西南风，最高气温 29 ℃。

灵丘产区：

27 日夜间：阵雨转多云，最低气温 16 ℃；

28 日白天：晴间多云，3 级东南风，最高气温 29 ℃；

28 日夜间：晴间多云，最低气温 16 ℃；

29 日白天：多云间晴，3 级东南风，最高气温 29 ℃；

29 日夜间：多云，最低气温 18 ℃；

30 日白天：多云，3～4 级西南风，最高气温 29 ℃。

三、生产建议

目前全市黄花处于采摘末期，近期无大范围降水，气象条件总体适宜黄花采摘和晾晒；但由于前期降水偏少，黄花地段的干旱将持续或发展，建议种植基地、种植合作社和广大农户做好采摘后的田间管理，及时进行灌溉，清除田内杂草；有病虫害的地段，需继续做好病虫害的监测与防控，为来年黄花丰产打好基础。

黄花采摘期专题天气预报

大同市气象台
山西省气象服务中心　　〔2022〕第23期　　8月1日16时

一、黄花地段土壤墒情分析

7月28日，通过对全市各县(区)黄花观测点进行测墒，结果显示：表层土壤墒情中，天镇、阳高处于重度干旱，左云处于中度干旱，云州区处于轻度干旱，其余各县(区)墒情适宜；深层土壤墒情中，天镇、阳高处于重度干旱，其余各县(区)墒情适宜。

附表　2022年7月28日黄花观测地段土壤墒情　　相对湿度：%

深度/cm	平城区	云州区	阳高	天镇	左云	浑源	灵丘	广灵
0～10	63	59	33	31	43	65	89	52
10～20	77	51	12	29	50	65	87	55
20～30	78	72	10	23	73	65	82	61
30～40	69	71	12	37	55	73	64	61
40～50	69	68	15	35	61	80	56	67

注：土壤相对湿度40%以下为严重干旱；40%～50%为中度干旱；50%～60%为轻度干旱；60%～90%为正常；90%以上为过湿。

二、未来天气展望

未来3 d大同市以多云间晴天气为主，局部地区有分布不均的阵雨或雷阵雨，最高气温将稳定在32 ℃以上。

三、近期天气预报

云州区产区：

1日夜间：多云间晴，最低气温19 ℃；

2日白天：多云间晴，3～4级偏南风，最高气温34 ℃；

2日夜间：多云间晴，最低气温20 ℃；

3日白天：多云间晴，3～4级西南风，最高气温34 ℃；

3 日夜间：多云间晴，最低气温 20 ℃；

4 日白天：多云间晴，有阵雨或雷阵雨，3～4 级西南风，最高气温 34 ℃。

天镇产区：

1 日夜间：多云间晴，最低气温 18 ℃；

2 日白天：多云间晴，3～4 级偏南风，最高气温 34 ℃；

2 日夜间：多云间晴，最低气温 20 ℃；

3 日白天：多云间晴，3～4 级西南风，最高气温 34 ℃；

3 日夜间：多云间晴，最低气温 21 ℃；

4 日白天：多云间晴，有阵雨或雷阵雨，3～4 级西南风，最高气温 33 ℃。

广灵产区：

1 日夜间：多云间晴，最低气温 18 ℃；

2 日白天：多云间晴，3～4 级偏南风，最高气温 32 ℃；

2 日夜间：多云间晴，最低气温 19 ℃；

3 日白天：多云间晴，3～4 级西南风，最高气温 32 ℃；

3 日夜间：多云间晴，最低气温 19 ℃；

4 日白天：多云间晴，3～4 级西南风，最高气温 32 ℃。

灵丘产区：

1 日夜间：多云间晴，最低气温 19 ℃；

2 日白天：多云间晴，3～4 级偏南风，最高气温 32 ℃；

2 日夜间：多云间晴，最低气温 20 ℃；

3 日白天：多云间晴，3～4 级西南风，最高气温 32 ℃；

3 日夜间：多云间晴，最低气温 20 ℃；

4 日白天：多云间晴，3～4 级西南风，最高气温 33 ℃。

四、生产建议

目前全市黄花仍处于采摘末期，未来 3 d 以高温闷热天气为主，局部地区虽有分布不均的阵雨或雷阵雨，但总体来看，黄花地段的旱情仍将持续或发展，建议各地继续做好田间管理，及时灌溉、中耕松土；近期降水天气少，光照充足，气象条件有利于黄花的采摘和晾晒，建议合作社、广大种植户抓住有利天气条件开展采摘和晾晒工作。

黄花采摘期专题天气预报

大同市气象台

山西省气象服务中心　　〔2022〕第 25 期　　8 月 5 日 16 时

一、未来天气展望

未来 3 d 大同市多降水天气，并伴有雷暴大风、短时强降水和冰雹等强对流天气，8 日白天开始最高气温明显下降。

二、近期天气预报

云州区产区：

5 日夜间：晴间多云，最低气温 21 ℃；

6 日白天：多云间晴，有分布不均的阵雨或雷阵雨，3～4 级东南风，最高气温 34 ℃；

6 日夜间：多云，有中雨，伴有雷电，最低气温 21 ℃；

7 日白天：多云，有阵雨或雷阵雨，3～4 级东北风，最高气温 31 ℃；

7 日夜间：多云，有小雨，最低气温 20 ℃；

8 日白天：阴，有中雨，3～4 级东风，最高气温 27 ℃。

天镇产区：

5 日夜间：晴间多云，最低气温 20 ℃；

6 日白天：多云间晴，有分布不均的阵雨或雷阵雨，3～4 级东南风，最高气温 34 ℃；

6 日夜间：多云，有阵雨或雷阵雨，最低气温 21 ℃；

7 日白天：多云，有阵雨或雷阵雨，3～4 级东北风，最高气温 32 ℃；

7 日夜间：多云，有小雨，最低气温 20 ℃；

8 日白天：阴，有小雨，3～4 级东风，最高气温 28 ℃。

广灵产区：

5 日夜间：晴间多云，最低气温 19 ℃；

6 日白天：多云间晴，有分布不均的阵雨或雷阵雨，3～4 级东南风，最高气温 33 ℃；

6 日夜间：多云，有中雨，伴有雷电，最低气温 20 ℃；

7 日白天：多云，有阵雨或雷阵雨，3～4 级东北风，最高气温 30 ℃；

7 日夜间：多云，有小雨，最低气温 19 ℃；

8 日白天：阴，有中雨，3～4 级东风，最高气温 26 ℃。

灵丘产区：

5 日夜间：晴间多云，最低气温 21 ℃；

6 日白天：多云间晴，有分布不均的阵雨或雷阵雨，3～4 级东南风，最高气温 33 ℃；

6 日夜间：多云，有中雨，伴有雷电，最低气温 21 ℃；

7 日白天：多云，有阵雨或雷阵雨，3～4 级东北风，最高气温 31 ℃；

7 日夜间：多云，有中雨，最低气温 21 ℃；

8 日白天：阴，有中雨，3～4 级东风，最高气温 26 ℃。

三、生产建议

目前全市黄花采摘接近尾声，未来 3 d 大同市多降水天气，建议合作社、广大种植户及时关注天气变化，合理安排采摘时间，避免黄花受雨淋而发潮变质。

参考文献

陈真,王丽莉,韩登云,等,2021. 大同黄花基地气候特征及生态适应性区划研究[J]. 山西气象(3):93-97.

傅荟涓,2018. 气象要素致使黄花菜采后变质原因分析[J]. 农民致富之友(6):246.

高志慧,2019. 不同产地黄花菜营养价值的比较[J]. 黑龙江农业科学(12):82-84.

韩志平,张海霞,张琨,等,2020. 大同黄花菜产业发展优势分析[J]. 园艺与种苗,40(12):28-30,38.

黄凤耀,2007. 黄花菜的特征特性及利用价值[J]. 甘肃农业,248(3):79-80.

霍宇恒,2020. 大同黄花菜病虫害监测及绿色防控技术[J]. 农业技术与装备(2):46-47.

颉敏昌,2019. 绿色食品 A 级黄花菜高效生产实用技术[M]. 兰州:甘肃科学技术出版社.

李海凤,戴诚,王先芸,2016. 黄花菜种植气象条件分析及灾害防御对策[J]. 现代农业科技(14):239,244.

李进,韩志平,李艳清,等,2019. 大同黄花菜生物学特征及其高产栽培技术[J]. 园艺与种苗,39(5):5-10.

李明悦,2005. 近 20 a 来大同市土壤肥力质量的时空演化分析[D]. 北京:中国农业大学.

李荣峰,姚继唐,田玲,等,2022. 大同地区黄花菜病虫害综合防控探索与实践[J]. 上海蔬菜(6):82-84.

李效珍,2021. 大同气候与农业[M]. 北京:气象出版社.

李效珍,李腊平,张勋,2021,等. 大同市近 40 a 农业热量资源变化特征[J]. 农业开发与装备(6):95-96.

梁进秋,任璞,郭雪梅,等,2011. 大同市气象干旱变化趋势分析[J]. 中国农学通报,27(3):488-492.

刘建国,王丽莉,梁丽珍,等,2007. 大同地区冰雹活动规律及其预报经验[J]. 山西气象(3):9-11,36.

刘娟霞,吴海英,李淑君,2018. 盐池县黄花锈病与气象条件的关系及防御对策[J]. 现代农业(2):106-107.

彭美蓉,2019. 祁东当前黄花菜病虫害发生特点与无公害绿色防控对策[J]. 农业与技术,39(17):117-118.

秦雅娟,李效珍,李子龙,2021a. 晋北黄花菜生长特性及其气象环境条件变化特征现代农业研究[J]. 现代农业研究(27):95-96.

秦雅娟,李效珍,张勋,2021b. 大同市夏季气候变化特征及其对农业生产的影响[J]. 农业与技术,41(5):70-71.

邱志远,2017. 黄花菜种植气象条件分析及灾害防御对策[J]. 种子科技,35(7):106-107.

宋琳琳,张强,任余龙,等,2021. PDSI 及 sc-PDSI 干旱指数在中国西南地区适用性分析[J]. 中国沙漠,41(2):242-251.

王丑龙,刘娟娟,2022. 山西大同致力推进黄花产业发展:咬定青山不放松[N]. 中国经济导报,

2022-04-12(8).

王秀英,郝云,胡骏楠,2021,等. 气象干旱过程识别及致灾因子特征分析[J]. 草地学报,29(增刊):35-42.

张永涛,竹磊磊,2021. 汤阴县产业集聚区高影响天气分析[J]. 科技传播,13(14):49-52.

赵瑛瑛,2019. 不同产地黄花菜中的营养成分的差别及不同加工过程的影响[J]. 现代养生(下半月版),7:38-39.

朱杰,2021. 气象灾害对黄花菜的影响及防御对策[J]. 农业灾害研究,11(12):49-50.

附录 A　黄花种植气象服务规范*

1　范围

本文件规定了黄花种植气象服务的基本要求、常规气象服务、高影响天气服务、生长关键期气象服务、服务评价与改进等。

2　规范性引用文件

下列文件中的内容通过文中的规范性引用而构成本文件必不可少的条款。其中，注日期的引用文件，仅该日期对应的版本适用于本文件；不注日期的引用文件，其最新版本（包括所有的修改单）适用于本文件。

GB/T 35221—2017 地面气象观测规范 总则。

3　术语和定义

下列术语和定义适用于本文件

3.1　冰雹灾害指数

根据冰雹直径和降雹持续时间，利用统计方法获取的指标，来评价某区域、某时段遭受冰雹灾害的程度。

[DB14/T 703—2012，定义 3.11]

3.2　连阴雨

连阴和连续降雨日数均大于或等于 5 天，每天日照时数小于或等于 3 小时，采摘期过程降雨量大于或等于 30 毫米的天气过程。

注：允许其中一天日照时数大于 3 小时或降雨量为 0.0 毫米。

3.3　连阴雨灾害指数

根据日降雨量、连续降雨日数及过程雨量等气象要素，利用一定的计算方法获取的指标，用于评价某区域、某时段遭受连阴雨灾害的程度。

[DB14/T 703—2012，定义 3.26]

* 附录中的内容保留了原规范的格式，下同。

3.4 气象干旱

某时段内，由于蒸散量和降水量的收支不平衡，水分支出大于水分收入而造成地表水分短缺的现象。

[GB/T 20481—2017，定义 3.1]

3.5 降水量距平百分率

某时段的降水量与同期气候平均降水量之差除以同期气候平均降水量的百分比，单位用百分比(%)表示。

[GB/T 20481—2017，定义 3.4]

3.6 有效降水

大于或等于 5 毫米的降水。

3.7 大风

瞬时风速达到或超过 17.0 米/秒(目测估计风力达到或超过 8 级)的风。

[地面气象观测规范，6.2.5 其他现象(1)]

3.8 滚动天气预报

按照服务需求，根据最新气象资料对已发布的同一时效的天气预报进行订正。

3.9 短时天气预报

某一区域未来 12 小时内天气变化的预先估计和预告。

3.10 临近天气预报

某一区域未来 2 小时内天气变化的预先估计和预告。

3.11 短期天气预报

某一区域未来 72 小时内天气变化的预先估计和预告。

[GB/T 21984—2008，定义 2.1]

3.12 中期天气预报

某一区域未来 3 天以上、10 天以内天气变化的预先估计和预告。

3.13 延伸期预报

某一区域未来 10 天以上、30 天以内天气变化的预先估计和预告。

3.14 短期气候预测

某一区域未来 30 天以上天气变化的预先估计和预告。

3.15 短时强降水

1 小时降水量大于或等于 20 毫米的降水。

3.16 生长关键期

在黄花全生育期内对黄花生长至关重要的发育期，一般指青苗生长期、抽薹现蕾期和开花采摘期。

4　基本要求

4.1　资料准备

4.1.1　气象资料

开展黄花种植气象服务的单位应收集服务用户所在地区的基本气象资料和农田小气候站资料，分析其所在地域的气候特点。

4.1.2　有关灾害资料

开展黄花种植气象服务的单位应收集服务用户所在地区使黄花遭受气象灾害的相关资料。

4.1.3　黄花种植资料

开展黄花种植气象服务的单位应收集服务用户所在地区黄花种植的面积、产量、销售收入等资料。

4.2　服务时间和方式

4.2.1　常规气象服务：全年。

4.2.2　高影响天气服务：从黄花出苗至采摘结束。

4.2.3　生长关键期气象服务：在黄花进入青苗生长期、抽薹现蕾期、开花采摘期提供的气象服务。

4.2.4　按照商定的时间和信息联系方式，由开展黄花种植气象服务的单位将服务产品提供给服务用户。

5　常规气象服务

5.1　年度气候预测

5.1.1　每年 1 月 10 日前发布。

5.1.2　回顾前一年度黄花生长总体气象条件的利与弊，结合本年度气候趋势预测和前期农业气象条件的主要特点，对本年度的光、热、水等农业气象条件进行分析和预测，提出有针对性的措施、建议。

5.2　季度气候预测

5.2.1　每年 3 月 5 日前发布春季气候预测，6 月 5 日前发布夏季气候预测，9 月 5 日前发布秋季气候预测，12 月 5 日前发布冬季气候预测。

5.2.2　总结上季度气候特点及其对黄花生长的影响，预测本季度气候变化趋势，并提出生产建议。

5.3　月气候预测

5.3.1　每月 1 日发布。

5.3.2　总结上月天气特点及其对黄花生长的影响，预测本月气候变化趋势，结合黄

花生长进程,提出生产管理中应采取的农业措施和建议。

5.4 旬预报

5.4.1 每月1日、11日、21日发布。

5.4.2 回顾上旬天气实况,预测本旬天气变化,针对黄花生产提出建议。

5.5 周预报

5.5.1 每周一发布。

5.5.2 回顾上周天气实况,预测未来一周天气变化,针对黄花生产提出建议。

5.6 72小时天气预报

每天16:00发布未来72小时天气预报。

6 高影响天气服务

6.1 高影响风险天气预警指标

6.1.1 冰雹

根据冰雹灾害指数(SDI)划分的冰雹风险预警指标分为四级(见附录A),冰雹灾害指数的计算方法按照附录B的规定。

6.1.2 连阴雨

根据连阴雨灾害指数(LYRI)划分的连阴雨风险预警指标分为四级(见附录C),连阴雨灾害指数的计算方法按照附录D的规定。

6.1.3 气象干旱

根据黄花生长的不同时间,判定出现气象干旱风险的方法可分为两种,一是月平均气温高于10 ℃,采用降水量距平百分率法,主要适用于黄花生长的5月—8月上旬;二是月平均气温低于10 ℃,采用连续无有效降水持续日数法,主要适用于黄花生长的4月。

6.1.3.1 降水量距平百分率法

根据降水量距平百分率(PA)划分的月、季、年大时间尺度的干旱等级以及5月—8月上旬期间各旬小时间尺度的干旱等级见附录E,降水量距平百分率的计算原理和方法按照附录F的规定。

6.1.3.2 连续无有效降水持续日数法

根据连续无有效降水日数的持续时间划分的干旱等级见附录G。

6.1.4 大风

大风风险预警指标分为四级(见附录H),从低到高分别用蓝色、黄色、橙色、红色表示。

6.2 高影响天气服务

当出现影响黄花生长的高影响天气时,发布相关风险预警:

——发布冰雹风险预警时,同时提供冰雹影响区域的短时天气预报;

——发布连阴雨风险预警时，同时提供中期天气预报和延伸期预报；
——发布干旱风险预警时，同时提供中期天气预报、延伸期预报和短期气候预测；
——发布大风风险预警时，同时提供24小时内逐6小时风向、风速预报。

7 生长关键期气象服务

7.1 青苗生长期

向服务用户发布未来1～3天逐日滚动天气预报，重点是天空状况、天气现象、最高气温、最低气温、风等气象要素的预报；同时提供出现干旱的中期天气预报、延伸期预报和短期气候预测，霜冻的短期和中期天气预报，寒潮的短期和中期天气预报。

7.2 抽薹现蕾期

向服务用户发布1～3天逐日滚动天气预报，重点是天空状况、天气现象、最高气温、最低气温和风等气象要素的预报；同时提供出现干旱的中期天气预报、延伸期预报，暴雨和短时强降水的短期、短时、临近天气预报和预警，冰雹的短期、短时和临近天气预报，大风的短期和短时天气预报。

7.3 开花采摘期

向服务用户发布短时天气预报，预报有强对流天气时发布逐6小时或3小时精细化预报；关注连阴雨、强对流天气预报和预警信息；向服务用户提供出现干旱的中期天气预报和延伸期预报，连阴雨的中期天气预报和延伸期预报，暴雨和短时强降水的短期、短时、临近天气预报和预警，冰雹的短期、短时、临近天气预报和预警，大风的短期、短时天气预报和预警。

有关开展黄花生长关键期气象服务的主要种类和具体内容参见附录I；有关风力等级特征及与风速的换算表见附录J。

8 服务评价与改进

8.1 服务反馈

8.1.1 气象灾害的反馈

当发生干旱、霜冻、冰雹、大风、寒潮等气象灾害时，服务用户应及时将所发生的气象灾害时间、种类和遭受损害或影响的程度等相关信息告知开展黄花种植气象服务的单位。

8.1.2 服务效果的回访

每次对黄花生产有影响的天气过程结束后，开展黄花气象服务的单位应采取电话、登门、座谈会或发放调查问卷等多种形式，对服务用户进行回访，听取他们对服务效果、黄花收成的反馈和改进服务的意见，并对获得的气象观测信息和开展服务形成的资料进行整理、总结和存档，最终形成书面材料。

8.2 服务总结

每年对全年所有的黄花气象服务书面材料进行一次整理和汇总，形成当年的服务总结并存档。服务总结应包括：服务概况、个例分析、用户评价、取得的经验、存在的不足和今后应改进的措施等。

附录 A
（规范性）
冰雹风险预警划分表

冰雹风险预警	等级描述	冰雹灾害指数
Ⅰ	轻度	2
Ⅱ	重	3～4
Ⅲ	严重	5～6
Ⅳ	特别严重	7～8

附录B
（规范性）
冰雹灾害指数计算方法

冰雹灾害指数(SDI)，按式(B.1)计算：

$$SDI = I_1 + I_2 \tag{B.1}$$

式中：I_1、I_2 分别代表冰雹直径、降雹持续时间的分级指数值，其分级对照见表B.1。

表B.1　冰雹灾害指数分级对照表

分级指数	冰雹直径/cm	降雹持续时间/min
1	1.0～3.0	<3
2	3.1～5.0	3～5
3	5.1～10.0	6～10
4	>10.0	>10

附录 C
（规范性）
连阴雨风险预警划分表

连阴雨风险预警	等级描述	连阴雨灾害指数
Ⅰ	轻度	3.0～3.8
Ⅱ	重	3.8～5.7
Ⅲ	严重	5.7～7.8
Ⅳ	特别严重	7.8～10.8

附录D
(规范性)
连阴雨灾害指数的计算方法

连阴雨灾害指数(LYRI),按式(D.1)计算:

$$LYRI = 0.45I_1 + 0.75I_2 + 1.8I_3 \tag{D.1}$$

式中:I_1、I_2、I_3 分别为连阴雨时段内降雨总量、最大日降雨量、连续降雨日数的分级指数值,其分级见表D.1。

表D.1 采摘期连阴雨灾害指数分级对照表

分级指数	降雨总量/mm	最大日降雨量/mm	降雨日数/天
1	30.0~38.0	10.0~20.0	5
2	38.1~63.0	20.1~29.0	6~7
3	63.1~96.0	29.1~54.0	7~8
4	>96.0	>54.0	≥8

示例2:××××年7月,出现连续5天的连阴雨天气,5天内的最大日降雨量为20.9 mm,降雨总量为53 mm,则连阴雨灾害指数 LYRI=0.45×2+0.75×2+1.8×1=4.2,对应连阴雨灾害等级为Ⅳ。

附录 E
（规范性）
降水量距平百分率（PA）干旱等级划分表

表 E.1　降水量距平百分率月、季、年尺度干旱等级划分表

等级	类型	降水量距平百分率/%		
		月尺度	季尺度	年尺度
Ⅰ	无旱	−40< PA	−25< PA	−15< PA
Ⅱ	轻旱	−60 <PA ≤−40	−50< PA≤−25	−30< PA≤−15
Ⅲ	中旱	−80 <PA≤−60	−70< PA≤−50	−40< PA ≤−30
Ⅳ	重旱	−95< PA≤−80	−80< PA ≤−70	−45< PA ≤−40
Ⅴ	特旱	PA≤−95	PA≤−80	PA≤−45

表 E.2　5 月降水量距平百分率干旱等级划分表

等级	类型	5 月降水量距平百分率/%		
		上旬	中旬	下旬
Ⅰ	无旱	−18<PA	−16<PA	−28<PA
Ⅱ	轻旱	−26<PA≤−18	−42<PA≤−16	−50<PA≤−28
Ⅲ	中旱	−62<PA≤−26	−77<PA≤−42	−80<PA≤−50
Ⅳ	重旱	−82<PA≤−62	−98<PA≤−77	−92<PA≤−80
Ⅴ	特旱	PA≤−82	PA≤−98	PA≤−92

表 E.3　6 月降水量距平百分率干旱等级划分表

等级	类型	6 月降水量距平百分率/%		
		上旬	中旬	下旬
Ⅰ	无旱	−21<PA	−34<PA	−18<PA
Ⅱ	轻旱	−48<PA≤−21	−43<PA≤−34	−31<PA≤−18
Ⅲ	中旱	−68<PA≤−48	−62<PA≤−43	−46<PA≤−31
Ⅳ	重旱	−80<PA≤−68	−80<PA≤−62	−56<PA≤−46
Ⅴ	特旱	PA≤−80	PA≤−80	PA≤−56

表 E.4　7 月—8 月上旬降水量距平百分率干旱等级划分表

等级	类型	7 月—8 月上旬降水量距平百分率/%			
		7 月上旬	7 月中旬	7 月下旬	8 月上旬
Ⅰ	无旱	−10<PA	−12<PA	−8<PA	−12<PA

续表

等级	类型	7月—8月上旬降水量距平百分率/%			
		7月上旬	7月中旬	7月下旬	8月上旬
Ⅱ	轻旱	−18<PA≤−10	−20<PA≤−12	−22<PA≤−8	−42<PA≤−12
Ⅲ	中旱	−42<PA≤−18	−42<PA≤−20	−44<PA≤−22	−60<PA≤−42
Ⅳ	重旱	−75<PA≤−42	−62<PA≤−42	−65<PA≤−44	−79<PA≤−60
Ⅴ	特旱	PA≤−75	PA≤−62	PA≤−65	PA≤−79

附录F
(规范性)
降水量距平百分率的计算方法

降水量距平百分率反映某一时段降水量与同期平均状态的偏离程度，按式(F.1)计算：

$$PA=\frac{P-\overline{P}}{P}\times 100\% \tag{F.1}$$

式中：PA 为某时段降水量距平百分率(%)；P 为某时段降水量，单位为毫米(mm)；$\overline{P}$ 为某时段同期气候平均降水量，单位为毫米(mm)，按式(F.2)计算：

$$\overline{P}=\frac{1}{n}\sum_{i=1}^{n}P_i \tag{F.2}$$

式中：n 为一般取 30，指 30 日(月或年)；P_i 为计算时段第 i 日(月或年)降水量，单位为毫米(mm)。

附录G
(规范性)
连续无有效降水持续日数干旱等级划分表

等级	类型	连续无有效降水持续日数/天
Ⅰ	无旱	＜12
Ⅱ	轻旱	12～18
Ⅲ	中旱	18～26
Ⅳ	重旱	26～30
Ⅴ	特旱	30

附录H
(规范性)
大风风险预警划分表

大风风险预警	平均风力/级	阵风风力/级
蓝色	6～7	7～8
黄色	8～9	9～10
橙色	10～11	11～12
红色	≥12	≥13

附录Ⅰ
（资料性）
黄花生长关键期气象服务分类表

<table>
<tr><th rowspan="2">服务分期</th><th colspan="3">易造成损害的灾害性天气</th></tr>
<tr><th>名称</th><th>服务种类</th><th>服务内容</th></tr>
<tr><td rowspan="7">青苗生长期</td><td rowspan="3">干旱</td><td>中期天气预报</td><td rowspan="3">发展趋势(持续日数、解除时间)</td></tr>
<tr><td>延伸期天气预报</td></tr>
<tr><td>短期气候预测</td></tr>
<tr><td rowspan="2">霜冻</td><td>短期天气预报</td><td rowspan="2">降温幅度
日地面最低气温</td></tr>
<tr><td>中期天气预报</td></tr>
<tr><td rowspan="2">寒潮</td><td>短期天气预报</td><td rowspan="2">日最低气温降温幅度
日最低气温</td></tr>
<tr><td>中期天气预报</td></tr>
<tr><td rowspan="10">抽薹现蕾期</td><td rowspan="2">干旱</td><td>中期天气预报</td><td rowspan="3">发展趋势(持续日数,解除时间)</td></tr>
<tr><td>延伸期天气预报</td></tr>
<tr><td rowspan="3">暴雨</td><td>临近天气预报</td></tr>
<tr><td>短时天气预报</td><td rowspan="3">降雨量
出现和结束的时间</td></tr>
<tr><td>短期天气预报</td></tr>
<tr><td rowspan="3">冰雹</td><td>临近天气预报</td></tr>
<tr><td>短时天气预报</td><td rowspan="2">出现时间
落区预报</td></tr>
<tr><td>短期天气预报</td></tr>
<tr><td rowspan="2">大风</td><td>短时天气预报</td><td rowspan="2">风向和风力等级</td></tr>
<tr><td>短期天气预报</td></tr>
<tr><td rowspan="10">开花采摘期</td><td rowspan="2">干旱</td><td>中期天气预报</td><td rowspan="2">发展趋势(持续日数,解除时间)</td></tr>
<tr><td>延伸期天气预报</td></tr>
<tr><td rowspan="3">连阴雨</td><td>短期天气预报</td><td rowspan="3">降雨量等级
发生和结束的时间</td></tr>
<tr><td>中期天气预报</td></tr>
<tr><td>延伸天气预报</td></tr>
<tr><td rowspan="3">暴雨</td><td>临近天气预报</td><td rowspan="3">降雨量
出现和结束的时间</td></tr>
<tr><td>短时天气预报</td></tr>
<tr><td>短期天气预报</td></tr>
<tr><td rowspan="2">大风</td><td>短时天气预报</td><td rowspan="2">出现时间
风向和风力等级</td></tr>
<tr><td>短期天气预报</td></tr>
</table>

续表

<table>
<tr><td rowspan="2">服务分期</td><td colspan="3">易造成损害的灾害性天气</td></tr>
<tr><td>名称</td><td>服务种类</td><td>服务内容</td></tr>
<tr><td rowspan="3">开花采摘期</td><td rowspan="3">冰雹</td><td>临近天气预报</td><td rowspan="3">出现时间
落区预报</td></tr>
<tr><td>短时天气预报</td></tr>
<tr><td>短期天气预报</td></tr>
</table>

附录 J
（规范性）
风力等级特征及与风速的换算表

风力等级	地物征象	相当于平地 10 m 高处的风速/(m/s)
0	静，烟直上	0.0～0.2
1	烟能表示风向，树叶略有晃动，但风向标不能动	0.3～1.5
2	人脸感觉有风，树叶有响声，旗子开始飘动，高的草开始晃动，风向标能转动	1.6～3.3
3	树叶、小枝及高的草晃动不停，旗子展开	3.4～5.4
4	能吹起地面灰尘和纸张，树枝晃动，高的草呈波浪起伏	5.5～7.9
5	有叶的小树晃动，水面有小波，高的草波浪起伏明显	8.0～10.7
6	大树枝晃动，电线呼呼有声，举伞困难，高的草不时倾伏于地	10.8～13.8
7	全树晃动，迎风步行感觉不便	13.9～17.1
8	可折毁小树枝，人迎风前行感觉阻力很大	17.2～20.7
9	屋瓦被掀起，大树枝可折断	20.8～24.4
10	少见，见时可使树木拔起，建筑物损坏严重	24.5～28.4
11	很少见，有则必有广泛损坏	28.5～32.6
12	绝少见，摧毁力极大	32.7～36.9
13	—	37.0～41.4
14	—	41.5～46.1
15	—	46.2～50.9
16	—	51.0～56.0
17	—	56.1～61.2
18	—	≥61.3

附录 B 大同黄花生产技术规程

1 范围

本标准规定了大同黄花的术语与定义、产地环境、整地施肥、栽植、田间管理、病虫害防治、采收、割老叶及生产档案的要求。

本标准适用于大同黄花地理标志证明商标保护范围。

2 规范性引用文件

下列文件对于本文件的应用是必不可少的。凡是注日期的引用文件，仅所注日期的版本适用于本文件。凡是不注日期的引用文件，其最新版本(包括所有的修改单)适用于本文件。

GB/T 8321(所有部分)农药合理使用准则

NY 525 有机肥料

NY/T 496 肥料合理使用准则通则

3 术语与定义

下列术语和定义适用于本文件。

3.1 大同黄花

产自大同市行政区域内，主产区为云州区。株形直立，叶绿色，长带形，长 70～100 cm，宽 2～3 cm。花莛长 100～125 cm，每个花莛着生花蕾 35～40 个。花蕾小棒锥形，长 12～15 cm，粗 0.8～1.3 cm，单蕾鲜重 3～4 g。幼龄期：栽植后前 2 年；壮龄期：栽植后 3～10 年；衰老期：栽植后 10 年以上。

4 产地环境

4.1 产地选择

选择生态环境良好、无污染的地区，远离工矿区和公路、铁路干线，避开污染源。

4.2 气候条件

年平均气温≥6.7 ℃，≥10 ℃的年积温 2825 ℃ · d 以上，无霜期≥125 d，年平均日照时数≥2600 h。

4.3 土壤条件

选择土层深厚、地下水位较深、排灌方便的平地或缓坡地。

5 整地施肥

结合深耕每 667 m^2 施腐熟的有机肥 2500～3000 kg，氮磷钾复合肥 25 kg，耙耱整平做畦，畦埂高 20 cm，畦宽 2.4～2.8 m。

6 栽植

6.1 种苗选择

生长健壮，根系发育良好，根长 5～10 cm，无病虫危害，一个萌芽以上的种苗。

6.2 栽植时间

春栽在 4 月上中旬进行，秋栽在 10 月上中旬进行。

6.3 栽植密度

行距 1.2～1.4 m，株距 15～18 cm，每 667 m^2 栽植 3000～3500 株。

6.4 栽植方法

栽植深度 12～15 cm，栽植后及时浇水。

7 田间管理

7.1 幼龄期管理

7.1.1 中耕除草

第一次 5 月下旬，第二次 6 月下旬，第三次 7 月下旬。

7.1.2 肥水管理

6 月中旬结合浇水沿垄每 667 m^2 追施尿素 20 kg。

7.2 壮龄期管理

7.2.1 春耕施肥

4 月中旬结合深耕每 667 m^2 施用有机肥 2000 kg，氮磷钾复合肥 40 kg，耕深＞20 cm。有机肥符合 NY 525 中的要求。

7.2.2 肥水管理

结合灌溉，抽薹时每 667 m^2 追施尿素 20 kg，现蕾时每 667 m^2 追施尿素 15 kg，采收期每 7～15 d 每 667 m^2 追施水溶性肥 5 kg。采收结束后、封冻前各浇水一次。

7.3 衰老期管理

7.3.1 围根

黄花叶子全部枯黄后，使用肥土沿垄覆盖 3～5 cm 把根部围住。

7.3.2 更新复壮

春季或秋季在每丛植株的一侧连根移除 1/3 的老株，2～3 年后用同样的方法复壮另一侧。密度过大的地块可隔行或隔丛移除，在移除老株后形成的空穴中回填适量肥土。年久衰老的园地应全部更新。

8 病虫害防治

8.1 农业防治

加强田间管理，开排水沟，降低地下水位，防止明涝暗渍，入冬前清洁田园。

8.2 物理防治

黄蓝板诱杀，频振灯诱杀，防虫网阻隔。

8.3 化学防治

使用低毒、微毒农药进行防治，严禁使用禁限用农药，严格控制农药的使用量、次数、浓度及安全间隔期，注意交替用药，合理混用。

9 采收

花蕾长到充分长度，花蕾饱满，颜色黄绿，花苞上纵沟明显，蜜汁显著减少时，为成熟花蕾，一般在08时前采收。花蕾采收应符合安全间隔期的相关要求，执行GB/T 8321(所有部分)的相关规定。

10 割老叶

10月下旬，黄花薹、叶全部枯黄，要齐地割掉带出田外。

11 生产档案

建立生产档案，对产地环境、整地施肥、栽植、田间管理、病虫害防治、采收、割老叶等生产环节详细记录。档案至少保存2年。